西澤潤一・人間道場

研究を経営するとは、どういうことか

西澤と弟子たち

はじめに

　第2次世界大戦後、日本は、世界史のうえでも稀にみるほどの高度経済成長をとげました。それは、明治維新以降、はじめての快挙でしたが、米ソ冷戦下で新鋭重化学工業化が大規模に進展したこと、大戦で極限まで発展した科学・技術を日本の技術者たちが、不眠不休で高品質・高性能・高機能の製品に結実させることができたからです。

　1970年代初頭、高度経済成長が終了すると、安定成長へと比較的順調に経済が成長していくなか、日本政府の大学・文教政策は、科学・技術の基礎研究に重点がおかれていました。おかげで、数十年後、自然科学系のノーベル賞受賞者が輩出されています。

　東北大学教授（当時）の西澤潤一先生は、先駆的に半導体や光ファイバーなど、確固たる信念をもって最先端の研究に没頭されました。あまりにも斬新かつ先駆的でしたので、学会などで発表すると嘲笑すらあびたといいます。学会の「重鎮」には、理解不能だっただけのことですが。しかし、西澤先生のご研究の先駆的意義をいち早く読み取った海外の研究者には、高く評価されました。西澤先生の半導体研究のおかげで、日の丸半導体が世界を制覇したのです。

　ところが、1985年のプラザ合意、86年の日米半導体協定で半導体敗戦が始まりました。しかも、1990年代初頭、資産バブル崩壊不況に見舞われました。企業は過剰投資・過剰債務・過剰雇用を、銀行は天文学的規模の不良債権・損失をかかえ、企業・銀行は金縛りにあいました。ですから、20世紀末から21世紀にかけて、世界がデジタル社会の構築に向けて邁進するなか、企業や銀行には、デジタル研究・開発投資をおこなう余裕などありませんでした。経済のデジタル化に決定的な後れがみられ、日本の国力が低下してきたのはそのためでもあるのです。

　日本政府は、かつてのように、じっくりと基礎研究をおこなえる大学に戻さなければなりません。いくらAI（人工知能）が深化しても、斬新かつ画期的な基礎研究成果など出てきません。この世にまだ存在していない斬新な理論を導き出すことなどできないからです。

　第1部は本論です。西澤先生の先駆的かつ斬新な研究と院生指導につい

て、先生から直接研究指導を受けた鈴木壮兵衛が詳しく記述しています。ここでは、西澤先生の研究を詳細に取り上げていますので、専門家でないと理解しづらいことが多々あります。とはいえ、この研究プロセスから西澤先生の思考方法がよく理解できるとともに、先生の院生指導は、この研究と密接不可分のものとして展開されています。

　補論の第2部は、西澤先生の教育論とは直接は連繋しません。とはいえ、鈴木壮兵衛は技術立国の再興を願っており、そのためには、国家がその再興に向けた確固たる政策を立案・実行するとともに、大学を企業収益の拡大のために活用するのではなく、大学を基礎研究機関として位置付ける必要があると考えています。西澤先生は基礎研究にもとづいて、その成果を企業に呼びかけて製品化することに努められました。これは、並みの大学教員にはできないことです。本書は、そこが詳しく記述されています。第2部が本書のテーマと乖離しているにもかかわらず、補論としてあえて掲載したのはそのためです。

　鈴木は第1部で、西澤先生の研究姿勢などをあきらかにしたうえで、後進を育てる大学院教育について詳しく考察しています。西澤先生は、次世代を担う優秀な多くの研究者を養成され、技術立国日本を支えてこられました。

　相沢は第2部で、技術立国再興のために、日本経済の停滞の要因と打開策、大学での基礎研究の重要性、経済学分野での社会人大学院での教育をみたうえで、経済学社会人大学院博士後期課程（DC）修了生の体験記を紹介しています。

　バブル崩壊により見舞われた長期デフレ不況で技術立国日本が崩壊しつつあるなか、大学における基礎研究を重視するとともに、西澤潤一先生の研究姿勢と優れた研究者を養成されたその独自の院生指導のあり方を学ぶことは、技術立国日本の復活に一縷の光明を見出すことができると確信しております。

技術立国の再興をめざして　鈴木壮兵衛

相沢幸悦

西澤潤一・人間道場──研究を経営するとは、どういうことか　目次

はじめに ……………………………………………………………… 4

第1部・本論　西澤潤一の研究と指導

第1章　「虎の穴」西澤道場 　15

第1節　東北大学から独立した財務経営 …………………………… 15

第2節　研究を経営する …………………………………………… 17

第3節　西澤道場の同期生の新技術開発事業団 ………………… 18

第4節　自分の給与は自分の研究で稼げ ………………………… 19

第5節　西澤は3度「首つり」を考えた ………………………… 20

第6節　なぜ大学教授がそんなに訴訟をするのか……………… 21

第7節　ついに幻となった理想郷……………………………… 22

第8節　人材育成の理想は頓挫したのか？ …………………… 24

第2章　道場における実践……………………………………… 25

第1節　叱った理由を教え子や道場生に考えさせる…………… 25

　1）教えるのではなく、考える力を養う指導 ………………… 25

　2）レーザーの真の発明者は誰か ……………………………… 26

　3）虎の穴のルーツは渡辺教授 ………………………………… 28

　4）「舐めているのか」の真意 ………………………………… 30

　5）1つの潮流の源泉、黄鉄鉱の研究 ………………………… 31

　6）黄鉄鉱の次はシリコン（珪素）…………………………… 32

　7）金がなくても研究はできる ………………………………… 34

　8）シリコンウェハーの世界シェアは現在も日本が優位 …… 35

第2節　20年後に悟る指導が理想的 …………………………… 36

　1）全国10名の女性から非難された指導 …………………… 36

　2）ミスター完全結晶の国家プロジェクト ………………… 36

　3）半導体素子を分子レベルの寸法で設計 ………………… 38

　4）学術的な裏テーマの存在 ………………………………… 40

　5）なぜチャチな手作りの装置で世界一なのか …………… 42

6）半導体結晶の表面の分子の反応に着目 ……………………………… 43

7）「はいはい言うな！」 ……………………………………………………… 44

第3節　頭の中に論理のジャングルジムを構築せよ…………………… 45

1）使い方によりコンピューターは有効ではあるが ……………… 45

2）コンピューターに依存するのは頭の悪い人 …………………… 46

3）1＋1＝2でよいのか、よく考えよ………………………………… 47

4）小学1年生に電卓を使わせるな ………………………………… 48

5）コンピューターだから正確だとは限らない ………………… 49

6）改良研究が独創研究の系譜や潮流を駆逐する …………………50

第4節　貢献度表による評価 ……………………………………………… 50

第3章　道場の研究経営戦略 ……………………………………………… 54

第1節　金のないところでモノを造って見せる ……………………… 54

1）半導体の研究には多額の資金が必要………………………… 54

2）バリューエンジニアリング（VE）…………………………… 55

3）西澤サイズでランニングコストを下げる ………………… 56

4）量産技術と独創技術を明確に識別せよ ……………………… 58

5）独創研究にスーパー・クリーンルームは不要 …………… 60

第2節　自由度を与える指導の誤算 …………………………………… 61

第3節　独創技術を尊重しない産業界への警鐘 ……………………… 62

1）既存の装置では競争に勝てない ……………………………… 62

2）企業よりも20～30年先を進んでいるべき ……………… 63

3）日本の半導体の輸出のシェア減少の理由 ………………… 64

第4章　道場の理念 ………………………………………………………… 66

第1節　世界市場での優位性をどう勝ち取るか………………………… 66

1）バーニーのVRIO分析 ………………………………………… 66

2）模倣困難性の取得に重要な産業財産権による保護 ……… 67

3）産業界の実情が招いた大学の停滞…………………………… 70

第2節　教科書を鵜呑みにするな ……………………………………… 72

1）ブラッグの三原則………………………………………………… 72

2）世界的権威の学説を否定した田舎の若造 ………………… 74

3）ギブスの相律が間違っているのか………………………… 75

4）ショックレイ理論の間違いを指摘 ……………………… 82
第3節　何ごともオールマイティたれ …………………………… 87
　1）独創研究の秘訣 ………………………………………… 87
　2）電磁波の暗黒地帯を開拓したテラヘルツ将軍 ………… 89
　3）モレクトロニックスの真の開祖は西澤 ………………… 91
　4）量子力学の検証 ………………………………………… 92
　5）テラヘルツ波が量子医学への扉を開ける ……………… 93
　6）量子力学への理解が独創研究を生む ………………… 94
第4節　独創研究は失敗してはならない …………………………… 96
　1）西澤三原則 ……………………………………………… 96
　2）時間は戻らない ………………………………………… 98
　3）失敗するくらいなら寝ていた方がまし ………………… 99
　4）不屈かつ多数の試行錯誤 ………………………………… 100
第5節　独創研究の系譜 …………………………………………… 101
　1）それなら別の研究室へ行け …………………………… 101
　2）教え子に伝わらない独創研究 ………………………… 102
第6節　日本経済低迷の根本原因 ………………………………… 104
　1）新しいジェネリック・テクノロジーを生み出せ ……… 104
　2）エネルギー分野のジェネリック・テクノロジー ……… 106

第5章　研究と指導における愛 …………………………… 110
第1節　天狗になるな ……………………………………………… 110
第2節　ユダヤ古代誌のサロメ …………………………………… 111
第3節　指導の勁さとは何か ……………………………………… 112
第4節　前田孝矩先生の「工」の字の解説 ……………………… 113
第5節　宮沢賢治の法華経観 ……………………………………… 114

第2部・補論　日本経済と大学の教育・研究

第1章　日本経済の再興に向けて …………………………… 119
第1節　西澤潤一先生の信念 ……………………………………… 119
　1）新聞のコラム ……………………………………………… 119

2）世界がぜんたい幸福に …………………………………………… 120
　第2節　経済成長の仕組み ……………………………………………… 121
　　1）産業革命の遂行 ……………………………………………………… 121
　　2）日本の果たすべき役割 ……………………………………………… 125
　第3節　日本の経済成長 ………………………………………………… 126
　　1）戦前日本の近代化 …………………………………………………… 126
　　2）戦後の経済成長と停滞 ……………………………………………… 128
　　3）日本経済を取り戻す ………………………………………………… 130

第2章　経済の生命線──大学の基礎研究 …………………………… 136

　第1節　国立大学法人化と規制強化 ………………………………… 136
　　1）大学への規制強化 …………………………………………………… 136
　　2）大学の現場にて ……………………………………………………… 138
　第2節　学問の自由と基礎研究 ……………………………………… 142
　　1）大学学長アンケート ………………………………………………… 142
　　2）大学のあり方と基礎研究 …………………………………………… 144
　　3）学問の自由は平和の大前提 ………………………………………… 146
　第3節　大学の研究・教育と生成 AI ………………………………… 148
　　1）大学学長アンケート ………………………………………………… 148
　　2）大学の課題 …………………………………………………………… 148

第3章　経済学大学院 DC 修了生の体験談 ………………………… 151

　第1節　経済学大学院での研究指導 ………………………………… 151
　第2節　DC 修了生の体験談 ………………………………………… 153
　　1）埼玉大学大学院 DC での研究について …………………………… 153
　　2）「クリティカル・シンキング」を養えた社会人大学院 ………… 156
　　3）大学院 DC での学びについて …………………………………… 158
　　4）大学院時代の研究生活について …………………………………… 161

おわりに ……………………………………………………………………… 164

※敬称は省略させていただいた。

第1部・本論

西澤潤一の研究と指導

鈴木 壯兵衛

筆者は20年間に渡り西澤潤一博士（以下「西澤」と略記し、敬語表現等を省略させていただきます）から直接の指導を受けました。20年間の最後の日、「おまえほど、言うことを聞かない奴はいなかった！」と言われましたが、西澤からもっとも叱られたのは筆者であると自覚しております。1980年代の西澤には、西澤にとってもっとも巨大な、それぞれ20億円規模の国家プロジェクト等が3つも続きました。「言うことを聞かない」筆者を、なぜ20年間もの長きにわたり指導し、しかも、合計60億円の研究プロジェクトのグループリーダーに、西澤が任じ続けたのでしょうか。

　この理由の説明には、図1のように各頂点に研究経営戦略、理念、実践が配置された三角形でモデル化した「西澤の研究と指導のフレームワーク」を構成する強靭な精神力と、強靭な精神力の根底にある西澤の愛を考える必要があると思います。

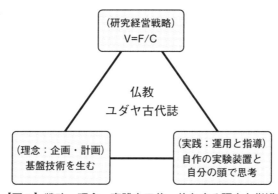

【図1】戦略、理念、実践を三位一体とする研究と指導

　西澤というと第4章で紹介するような、コペルニクス的展開の偉大な業績を思い浮かべるかもしれません[1]。また、東北大学第17代総長を務められた関係もあり、西澤というと「東北大学の西澤」を想起される方が多いかと思います。しかし、西澤は、東北大学電気通信研究所の研究室の他に、東北大学から財務的に全く独立した（財）半導体研究振興会の半導体研究所の所長を務めており、2か所が西澤の主な研究の場でした。西澤道場については第1章で説明しますが、非営利財団法人の下部組織である西澤道場における研究と指導を、西澤は命を賭すほど、もっとも大切にして

おり、ここに西澤の苦悩と努力がありました。西澤が研究と指導の理想郷とした西澤道場の説明なしで西澤を語ることは、西澤に関して誤った認識を生むことになります。西澤は1990年に定年退官した後も、依然として西澤道場での研究と指導を精力的に続け、生涯現役で研究と指導をする予定でいました。

　西澤道場における西澤の研究と指導の実践については第2章で、西澤道場の研究経営戦略については第3章で、西澤道場の理念については第4章で説明します。第2章で説明する自作（手作り）の実験装置で実験し、自分の頭で考えるという西澤道場が目的とした独創研究の実践は、第3章で説明する研究経営戦略と、第4章の基盤技術を生む独創研究の理念と、密接かつ有機的に関連しています。すなわち、西澤の研究と指導は、東北大学から財務的に独立した（財）半導体研究振興会の西澤道場を実践の場としていたからこそ、特異な性格や特徴を示しています。この特異な性格や特徴を考えるには、図1に示した研究経営戦略、理念、実践を強靱な精神力で三位一体に有機的に連携したフレームワークが非常に重要であります。

　筆者が西澤道場を去るとき「おまえほど、言うことを聞かない奴はいなかった！」の後に、「一番残念なのは俺だぜ」との言葉が続いていました。その最後の言葉には、道場生の強靱な精神力を鍛えるための愛と、愛に基づいた西澤の指導の哲学がありました。西澤の愛については第5章で説明しますが、愛の根底にはユダヤ古代誌や仏教（法華教）に共通する西澤の哲学があったと筆者は考えています。

注
(1) コペルニクスの地動説は彼の死の1543年に知られることとなりました。地動説を引き継いだガリレオ・ガリレイが1633年の宗教裁判で「それでも地球は回っている」と述べたとされています。1950年当時の西澤の独創研究に対する理不尽な批判について、西澤は、「それでもモット・ショットキィは間違っている」と私は叫びたかったと、自身をガリレオ・ガリレイに対比しています（西澤潤一『独創は闘いにあり』プレジデント社、pp.90-91（1986））。第4章では、西澤が権威者の学説を否定したいくつかの業績を「準コペルニクス的転回」としています。

第1章

「虎の穴」西澤道場

第1節　東北大学から独立した財務経営

　「東北大学の西澤」のみを想記することは、西澤に対して誤ったイメージを生むと考えます。（財）半導体研究振興会は、西澤の特許によるライセンス収入等で研究員や事務職員の人件費をも含めたすべての事業費を賄う非営利の財団法人です。（財）半導体研究振興会は、西澤の師である渡辺寧を会長として1961年に設立されました。西澤は、自己が保有する特許を（財）半導体研究振興会に無償で譲渡し、（財）半導体研究振興会では無給で働いていました。東北大学からはまったく独立した財務経営をしている組織であり、非営利財団法人なので、製品を販売する等により利益を得ることはできませんでした。すなわち、（財）半導体研究振興会は自己の事業の運営に必要な収入を図2に示すように、研究成果のみによって捻出する経営能力が求められました。営利を目的とする企業であっても、特許収入のみにより組織を運営することは困難ですので、西澤の非営利財団法人の運営・管理は極めて困難でありました。

　1961年の設立当時はまだ「産学連携」の用語は用いられていなかったのですが、この財団法人は、建前としては「大学の研究と産業界との橋渡しを目的」とする産学連携の拠点でした。しかし、後述の内容から理解できますように、西澤の本音は「大学」ではなく、大学から独立した財団法人の研究が基礎であり、（財）半導体研究振興会と産業界との連携を図ることでした。（財）半導体研究振興会と日本の半導体企業との連携は非常

第1章　「虎の穴」西澤道場　15

に強く、日本の半導体産業の盛衰と（財）半導体研究振興会の経営内容は同期の傾向が見られます。結果論ではありますが、日本の半導体産業のアカデミックな意味での盛衰と事業面での盛衰は西澤の（財）半導体研究振興会での研究の活力に依存していたように思われます。

　（財）半導体研究振興会の研究の拠点として、財務局の土地を利用する形で、仙台市青葉区川内に研究棟として半導体研究所1号館の建屋が1963年に建てられました。「特許によるライセンス収入で財団法人が運営などできるわけない。半導体研究所は、良く見積もっても3年は存続できないであろう」ということで、1963年に半導体研究所1号館の建屋が完成した直後の時期に、既に大学の関係者が、解散後の利用を考えて調べに来たと、西澤から聞かされています。（財）半導体研究振興会の半導体研究所での西澤の指導が後に「西澤道場」と呼ばれることになります。

　事実、2002年のノーベル物理学賞受賞者の小柴昌俊博士が理事長を務め2003年に設立された（財）平成基礎科学財団は、2017年に資金難で解散しています。同財団には、2008年のノーベル物理学賞受賞者小林誠博士や2015年のノーベル物理学賞の受賞者の梶田隆章博士ら著名な科学者が名を連ねていましたが、資金が続かなかったようです。

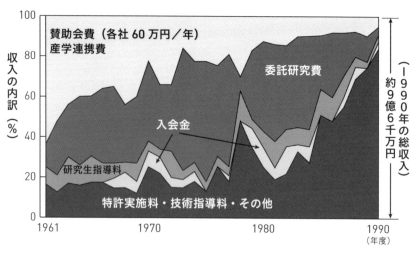

【図2】（財）半導体研究振興会の収入の内訳（％）

16　第1部・本論　西澤潤一の研究と指導

第2節　研究を経営する

　2015年に「寄生虫感染症に対する新規治療物質に関する発見」で、ノーベル生理学・医学賞を受賞された大村智先生が、1973年に米国メルク社と契約した産学連携による「研究の経営」の手法は画期的な試みです。しかし、その10年前に、(財)半導体研究振興会が産業財産権の活用を機軸とした産学連携による「研究の経営」をスタートしていました。「生命誌ジャーナル」の第84号において、研究を経営するには、以下の4つの要素が必要であると大村先生は説かれています：

（a）こういうものが必要だという研究のアイデアを出すこと
（b）アイデアを実現するための資金を導入すること
（c）人材育成を行うこと
（d）得られた成果の社会還元

　（a）〜（d）の4つの要素が揃ってはじめて、研究を経営したことになるというのが大村先生のお考えでしたが、(財)半導体研究振興会も同様でした。スタンフォード大学工学部長のF. ターマン（Terman）教授が中心になって、大学の学生のためというよりも、科学知識の発展と公益の

【図3】西澤道場となる半導体研究所1号館

ために設立されたスタンフォード研究所が、1946年に米国のシリコンバレーに設立されました。このスタンフォード研究所が、(財) 半導体研究振興会の「半導体研究所」のモデルとされたようです。

スタンフォード研究所の設立の前の1938年に、シリコンバレーでは、ターマン教授の指導でHP社が創業されていました。そして、1955年には、ショックレー研究所がシリコンバレーに設立されています。

第3節　西澤道場の同期生の新技術開発事業団

1949年に日本学術会議が設立され、これを受ける形で総理府の外局として科学技術庁が設置されたのが1956年です。そして、1961年に新技術開発事業団が設立されました。新技術開発事業団は、内閣総理大臣が科学技術庁に監督を委任した特殊法人です。この1961年に (財) 半導体研究振興会も設立されました。後に新技術開発事業団は、JSTとなります。当時大学紛争の影響により、各企業、大学での産学連携が及び腰になるなか、新技術開発事業団は同じ年に設立された (財) 半導体研究振興会の研究、開発を支援していくことになります。

新技術開発事業団の、(財) 半導体研究振興会の研究・開発に対する支援は、同会の研究・開発が成功した場合には、同会の特許のライセンス収益の50%を新技術開発事業団に還元するというシステムを採用していました。西澤は、「新技術開発事業団に利益の半分を持って行かれた」と、ぼやいてはいましたが、「新技術開発事業団にもっとも貢献したのは自分である」と自慢していました。

そして、1985年の「NHK特集 光通信に賭けた男〜独創の科学者・西澤潤一〜」の番組において、西澤の指導場面が放映された新技術開発事業団創造科学技術推進事業 (ERATO) の「西澤完全結晶プロジェクト」や、その後引き続きERATOが展開した「西澤テラヘルツプロジェクト」の総額40億円という西澤に対する支援は、西澤が、新技術開発事業団に貢献したことの見返りとしての研究支援の意味が大きいものでした。

18　第1部・本論　西澤潤一の研究と指導

第4節　自分の給与は自分の研究で稼げ

　大村智先生が「生命誌ジャーナル」に記載された4つの要素のうちの「(c) 人材育成を行うこと」に関しては、西澤は「虎の穴」としての西澤道場をその教育の実践の場としていました。筆者を大学の助手ではなく、財団法人の研究員にした理由を、西澤は、「大学の助手にすると研究成果が出なくても給料がもらえるので、その暢気な精神状態と安心感を与える環境が研究者には適していないからだ」と説明しました。西澤道場の教えは、自分の給料は自分の研究成果で稼げというものでした。おかげで筆者は、バブル期の経済下であっても、賞与をまともにいただいたことがありませんでした。賞与の時期になると、自分の給与を x として、

$$2.7x = （人件費）＋（一般管理費） \qquad \cdots\cdots(1)$$

で計算される値と研究に使った費用の合計額を算出させ、その何パーセントを達成したかという自己評価表を西澤に提出しました。2.7 x には、事務系職員の給与も含まれます。

　博士の学位を取得した筆者が西澤道場の職員になったときです。その初日の打ち合わせで、筆者に対する西澤の顔つきと言葉が「虎の穴」の厳しい表情に変化したのを鮮明に覚えています。西澤の研究の場は、東北大学電気通信研究所の研究室と、西澤道場である（財）半導体研究振興会の半導体研究所の2か所ありましたが、東北大学電気通信研究所の研究室は、西澤道場の「予備門」でしかなかったのです。虎の穴では一言一句が厳しく指導され、「顔に自分の感情を出すな」という叱責もありました。大学院の時代には笑顔を見せても何ら西澤からの指導はありませんでしたが、職員になった瞬間に「にこにこするな！」と言われるようになりました。

　その後、筆者を財団法人の主任研究員に任じたとき、西澤は、「財団法人の職制は大学の職制よりワンランク上である。主任研究員とは、大学の各学科の主任教授に対応し、研究員が大学の教授もしくは助教授に対応するから、そのつもりで研究せよ」と命じました。事実、1963年に（財）半導体研究振興会の研究所の建屋が建設されたとき半導体研究所の所長は、渡辺研究室の西澤の先輩である喜安善市先生で、西澤は主任研究員でした。

第1章　「虎の穴」西澤道場　19

西澤は、所長になってからも、依然として主任研究員でした。

第5節　西澤は3度「首つり」を考えた

　100MHZ で100Wの出力を表面ゲート型静電誘導形トランジスター（SIT）で成功した後、2.45GHz で100W出力の切り込みゲート型 SIT に研究の方向へ展開したとき、切り込みゲート型 SIT の試作結果が伴わず西澤は非常に苦労していました。図2に示したように、（財）半導体研究振興会の収入源には、企業からの受託研究費があります。大村先生の「生命誌ジャーナル」に記載した4つの要素にあるように、（a）と（b）の要素により受託研究費を導入したら、（d）の要素である還元には、研究成果が必要となります。（財）半導体研究振興会が受けた受託研究費の見返りという成果をあげるという重責から、3度も「首つり」を考えたと、筆者は西澤から聞いています。

　西澤の責任感の強さには、すさまじいものがありました。晩年になってから足を骨折し、通常の人なら歩けない状態のはずでしたが、骨折したまま講演等に赴いていました。「俺は汗も精神力でコントロールできる」と言っていたという話も聞いたことがあります。筆者が良く西澤から言われたのは、「自分で自分を律せよ」という精神面の強化でした。西澤道場で道場生に良く言っていたのは、

　　　独創研究をする人間は、わが国の国民を幸せにするという使命がある。体調が悪いとか、痛いとか、つべこべ言って研究を滞らせてはいけない。研究者は、ピストルを突きつけられてでも、苦しくても強い精神力で研究を続けるという使命がある。

という強固な責任感と、それを支える精神力を身につける指導でした。

　切り込みゲート型 SIT の試作が西澤道場で開始されたのは、筆者が大学院という道場の予備門にいるときでした。筆者は、第4章で説明するテラヘルツ波の研究をしている時期でしたので、SIT の試作のチームとは違う土俵でした。土俵が違うものの、切り込みゲート型 SIT の試作チーム

のリーダーが、短期間で何人も次から次へと交代しているのを見て、西澤道場が怖くなっていました。しかし、先輩が、次から次へと消えていった時期に筆者は、西澤道場の研究員になりました。そして、やがて消えていった先輩の代わりに、西澤から主任研究員に命ぜられました。

　主任研究員になり、切り込みゲート型 SIT の試作チームのリーダーになったとき、筆者は自分の能力では、前の諸先輩と同じく半年くらいでクビになるであろうと考えていました。しかし、西澤は筆者をクビにせず、その後 10 年以上にわたり主任研究員として使い続け、総額 60 億円の 3 回のプロジェクトでもリーダーに任じました。西澤は、「お前がギブアップするまで電子レンジ用 SIT の試作は諦めない。俺はお前と心中するつもりでいる」と言いました。

第 6 節　なぜ大学教授がそんなに訴訟をするのか

　筆者が主任研究員を務めていた当時には、西澤の代理で東京高裁に月に 2 度ぐらい行く時期がありました。西澤は、最高裁への上告も何度かしています。筆者は「なぜ大学教授がそんなに訴訟をするのか」と、東京高裁で相手側に言われたこともありました。この相手側の発言は、多くの人が「東北大学の西澤」と考えていることによる、西澤に対する誤解と偏見を意味しています。

　本書で知っていただきたいのは、「（財）半導体研究振興会に命と理想をかけた西澤」です。西澤は、（財）半導体研究振興会の経理・運営に必死でした。図 2 の収入の内訳が示すとおり、特許は（財）半導体研究振興会の生命線であり、東京高裁（現知財高裁）に審決取消訴訟を提訴しますと西澤に言うと、「お前もやっとやる気を出したな」と言われました。

　また、図 2 の収入の内訳からは賛助会社からの賛助会費も収入源であることがわかりますが、図 4 に示すように、1991 年当時において、（財）半導体研究振興会には、44 の賛助会社が存在していました。

　各社から年間 60 万円の賛助会費が納められていました。図 5 に示すように、1991 年当時において、44 の賛助会社からの賛助会費の総額は 4000 万円に満たないのです。この賛助会費の額では、研究系 23 名、事務系 7 名、

ウシオ電機株式会社	セイコー電子工業株式会社	富士写真フイルム株式会社
大阪酸素工業株式会社	ソニー株式会社	富士通株式会社
沖電気工業株式会社	株式会社トーキン	富士電機株式会社
オリジン電気株式会社	株式会社東芝	古河電気工業株式会社
オリンパス光学工業株式会社	東洋電機製造株式会社	松下電器産業株式会社
キヤノン株式会社	株式会社豊田自動機械製作所	松下電工株式会社
国際電気株式会社	株式会社ニコン	三菱電機株式会社
株式会社小松製作所	日本インター株式会社	三菱電線工業株式会社
サンケン電気株式会社	日本鉱業株式会社	三菱マテリアル株式会社
三洋電機株式会社	日本信号株式会社	ミツミ電機株式会社
シャープ株式会社	日本精工株式会社	株式会社明電舎
新電元工業株式会社	日本電気株式会社	矢崎総業株式会社
新日本製鐵株式会社	浜松ホトニクス株式会社	ヤマハ株式会社
新日本無線株式会社	株式会社日立製作所	ローム株式会社
スタンレー電気株式会社	藤倉電線株式会社	

【図4】1991年当時の（財）半導体研究振興会の賛助会社（44社）

合計30名の給与も払えません。しかし、1991年にバブルが崩壊して日本の企業が低迷し、とくに、日本の半導体企業の低迷が始まると、（財）半導体研究振興会への収入が次第に細りはじめます。

　筆者は西澤道場の年度研究計画を毎年西澤に提出していました。ある年の研究計画を西澤に筆者が見せたときでした。「お前のやりたいことはわかった。しかし、その予算はどこから出るのだ。自分で金を集めて来い！」と言われました。図5はバブル崩壊前の状況における（財）半導体研究振興会の賛助会費の推移を示しますが、バブル崩壊後の失われた20年が進むと、（財）半導体研究振興会の収入が次第に減少していきます。（財）半導体研究振興会の賛助会社を退出したいという企業が出て来るようになってきたのです。

第7節　ついに幻となった理想郷

　そして、2008年に、（財）半導体研究振興会は、土地建物（当時の評価額約24億円）と運用資金6,500万円を、東北大学に寄贈して解散し、研究と教育の理想郷とした西澤のビジョンは幻となりました。西澤には、やり残した研究がたくさんありました。（財）半導体研究振興会は、西澤の分

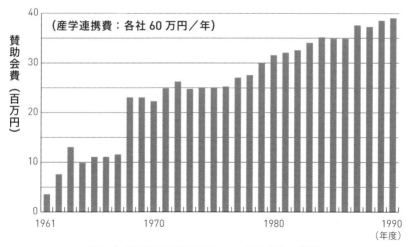

【図5】(財)半導体研究振興会の賛助会費の推移

身でした。解散の話を聞いて西澤に慌てて面会した筆者は、西澤から「解散させたくない」という意思を聞き、西澤の悲痛な心を感じました。

　2008年の解散後の現在、1963年に建設された半導体研究所1号館は、東北大学の川内キャンパスに残っており、1号館の一部は、東北大学の「西澤記念資料室」となっています。西澤の特許のライセンス収益としての20億円で西澤が取得した土地に、半導体研究所2号館と3号館が建てられました。西澤は、本来は特許のライセンス収益は2,000億円程度のはずと言っていましたので、2,000億円が入っておれば、(財)半導体研究振興会は解散する必要はなかったはずです。(財)半導体研究振興会の解散はわが国の産業界の産業財産権に対する理解不足と、独創研究を大切にしない風潮がもたらした悲劇であります。半導体研究所3号館は、現在、東北大学西澤潤一記念センターとなっています。

　第2章以降において説明しますが、産業財産権に対する理解不足と独創研究を大切にしない風潮は、(財)半導体研究振興会を解散に追い込んだだけでなく、わが国の経済の停滞を招いていることに気がつく必要があります。

第8節　人材育成の理想は頓挫したのか？

　（財）半導体研究振興会の解散により、「自分の給料は、自分の研究成果で稼ぐ」研究者を育てるという西澤の理想とした虎の穴での指導構想は、崩壊してしまいます。西澤研究室は、東北大学大学院の院生の定員4名の枠を超えて各学年7～8名が在籍する巨大な研究室でしたので、西澤が東北大学に助手を残す体制にしていれば、現在の東北大学には、西澤の系譜を継承する教授が多数残っているはずです。筆者の後に博士課程を修了した大学院の卒業生（教え子）のうち誰一人として、東北大学西澤研究室の助手になることはありませんでした。

　一方、研究実績重視の西澤の厳しい指導は、西澤道場および東北大学の内部において、西澤研究室で博士課程を修了した筆者の先輩たちを、次々と淘汰してしまいました。大学院時代に直接的に西澤から指導を受け、大学院卒業後も引き続き東北大学の教官になった教授は中村維男教授以外には存在しませんが、中村教授は西澤道場を経由していません。中村教授を除けば、東北大学に在籍している西澤研究室出身の教授たちは、一度企業に席をおいてから戻った経歴のある教官だけとなってしまい、一貫して西澤道場で直接的な指導を受け続けた経歴を有する東北大教授は現在いなくなってしまいました。

　中村教授は、東京大学の修士課程を経て西澤研究室の博士課程に入りました。西澤から「俺の言うとおりにやれ」と指示されましたが、指示に反したので「もうお前の面倒は見ない。お前の好きなようにやれ」と言われて博士の学位を取得しました。後に中村教授は「学生として非常識であった」と反省していますが、西澤は、仮に言うことを聞かなくても成果を上げればその教え子を認めるというような指導をしていたことがわかります。

　さらに、中村教授は、「東北大に情報工学科を作るからそっちへ行け」と西澤から言われて、1972年当時、何もなかった情報工学科に移った経歴があります。中村教授が、西澤研究室卒業の最初の東北大教授ですが、現在米国スタンフォード大学を主な研究場所にしています。かくして、西澤が大切にしていた八木秀次→渡辺寧→西澤潤一という独創研究の潮流は、極めて細い流れになってしまいました。

24　第1部・本論　西澤潤一の研究と指導

第2章

道場における実践

第1節　叱った理由を教え子や道場生に考えさせる

1）教えるのではなく、考える力を養う指導

　藤井聡太の師匠である杉本昌隆八段は、「教えすぎない」指導法を採用しているとのことです（2023年10月18日　テレビ朝日放送『証言者バラエティ アンタウォッチマン！ 緊急特番！ おめでとう！藤井聡太八冠 強さの秘密を徹底検証2時間SP！』）。「教えすぎると、師を超えられなくなる」というのが杉本八段の理由でした。西澤も、教えすぎない指導をしていました。西澤の指導は知識を教える指導ではなく、考える力を養う指導でした。すなわち、自分で考える過程と努力こそが独創研究において重要である、ということを教え子や道場の道場生に気づかせようとしていたようです。

　したがって、教え子や道場生を叱った場合も、その理由を言わずに、教え子や道場生がなぜ叱られたかを、自己の心の内奥の場所でその理由を教え子や道場生に導かせることがありました。

　1964年のノーベル物理学賞は、「メーザーとレーザーの原理による発振・増幅素子の構築を導いた量子エレクトロニクスの基礎的研究」により、米国のC.H. タウンズ（Townes）、ソ連のN.G. バソフ（Basov）とA.M. プロホロフ（Prokhorov）の3名に授与されました。しかし、以下のようにこのノーベル賞は西澤に与えられるべきだと考えた筆者が、「なぜ米国に特許出願しなかったのですか」と迂闊に尋ねたところ、「俺を舐めているのか」との厳しい言葉が返ってきました。しかし、「舐めている」と言われた理

由がわかりませんでした。

光は電磁波という波です。「レーザー光」は、どこまで行ってもビーム径が拡がらない性質を有した特殊な電磁波です。1969年にアポロ11号が月面に反射鏡を設置しました。レーザー光の広がらない性質を利用すると、月面に設置された反射鏡にレーザー光を地球から照射し、反射されたレーザー光が地球まで戻ってくる往復時間を測定することにより、地球と月の間の距離を正確に求めることができます。レーザー光は、波の形が揃っている電磁波ですので、現在のインターネットで重要な役割を果たしている光通信の情報を載せるには好都合な技術です。

2) レーザーの真の発明者は誰か

1954年にタウンズとその義弟 A.L. ショーロー（Schawlow）は、アンモニアガスを媒体として24GHz（波長1.25cm）という SHF（マイクロ波）帯における発振・増幅素子「メーザー」を実現していました。アンモニアメーザーは、真空ポンプや空洞共振器等が必要な大がかりな装置でした。

西澤が、アンモニアメーザーよりも小型で安定、しかも連続的に光を増幅・発振できる「半導体メーザー」の発明を日本国特許庁へ特許出願したのは1957年4月22日です。「半導体」とは、電気の流れ方の度合いが「金属」と「絶縁体」の中間程度の固体です。当時は、光の領域を意味するレーザー（LASER）という言葉がなかったので、西澤は「半導体メーザー」と称しました。1957年の特許出願は、SHF 帯よりも1万倍以上も高周波の赤外線や可視光の領域において、半導体の物理的性質を用いて光を閉じ込めて連続的に増幅・発振できる素子の発明です。

タウンズとショーローが、光の領域における発振・増幅素子（光学メーザー）の発明に関する特許（米国特許第2,929,922号）を米国ベル研究所から出願した日は、1958年7月30日ですので、タウンズらは、西澤の半導体レーザーの特許出願よりも遅いのです。当時、タウンズは、コロンビア大学に移っていましたが、ショーローはベル研究所に在籍していました。

タウンズ教授と会って電磁放射の放出について議論したコロンビア大学の大学院生 G. グールド（Gould）は、1957年11月になって LASER（Light Amplification by Stimulated Emission of Radiation）という言葉や、

2つの鏡を使った共振器のアイデアについて実験ノートに書いていました。「レーザー（LASER）」という言葉はグールドの造語です。1958年には、バソフ[1]やプロホロフ[2]も光を閉じ込める共振器を使用した光学メーザーをソ連国内でそれぞれ別個に発表しました。しかし、バソフらの論文には、西澤の特許に記載されていた「注入」についての記載がありませんでした。

　西澤の特許出願は、1960年9月20日に特公昭35-13787号として公告され、特許第273217号として登録されています。タウンズらの米国特許第2,929,922号は、1960年3月22日に発行されています。グールドも、1959年4月にレーザーの特許出願をしましたが、タウンズらの特許出願が先なので、米国特許商標庁（USPTO）により拒絶されました。しかし、当時の米国は先発明主義を採用していたため、タウンズとグールドは、28年間裁判で争うことになりました。28年の争いの後、グールドに特許が認められ1987年に米国特許4,704,583号として登録されましたので、米国では、「真のレーザーの発明者」はグールドとされています。

　しかし、西澤の特許出願は、グールドが実験ノートに記載した日よりも7か月早いのです。1965年に西澤が発表した論文で、西澤の日本国特許庁への特許出願日がタウンズらより先であることが欧米に知られると[3]、欧米が大騒ぎになり、欧米の著名な学者が続々と仙台を訪問することになりました。

　その中には、1964年のノーベル賞を受賞したバソフも含まれていました。そして、1967年の米国エレクトロニクス誌12月号は西澤の大写しの顔写真をその表紙に採用し「オプトエレクトロニクスのパイオニア」として大々的に紹介しました。エレクトロニクス誌12月号の117-122頁が西澤の光論理回路の記事であり、122頁において注入型の半導体レーザーを発明したことが記載されていました。

　上述のとおり、米国では、「真のレーザーの発明者」はグールドとされていますが、筆者は「真のレーザーの発明者は西澤である」と考えています。1964年のノーベル物理学賞から外れたショーローは1981年になって「レーザー分光学への貢献」でノーベル物理学賞を受賞しています。

　半導体レーザーの発明を米国に特許出願しておれば、1964年のノーベル物理学賞は、西澤に与えられたであろうと筆者は考えています。そのた

め迂闊な質問をして、「俺を舐めているのか」と叱られたのでした。「申し訳ございません」とその場で謝ったものの、筆者には、なぜ「俺を舐めているのか」と言われた理由がしばらくわかりませんでした。

3）虎の穴のルーツは渡辺教授

米国に半導体レーザーの特許出願ができず一番悔しい思いをしていたのは西澤本人であったことがとわかったのは、何年も後のことです。「俺を舐めているのか」と言われた後、「半導体レーザー」の特許出願人を確認したところ、東北大学からの出願ではなく、渡辺寧教授の個人出願でした。渡辺寧教授が特許出願の費用を出していたのです。

西澤道場に、会長である渡辺教授を迎え入れたとき、その様子を垣間見るチャンスがありました。所長の西澤が直立不動の姿勢で、渡辺会長に対し繊細な気遣いをしている緊張感を感じ、西澤の時代の教授と助教授の関係はどれほどすごかったかが理解できました。これが、東北大学における教授と助教授の間の緊張した関係かと思い知らされ、仰天しましたが、西澤道場における虎の穴の指導のルーツでした。

直立不動の緊張した西澤の応対姿勢は、1957年当時の立場上の力学関係を推定させます。しかも、西澤が助教授時代において、渡辺教授は「研究室には金はやらん。やると仕事をしなくなる」という虎の穴の研究経営哲学を指導していました[4]。

1957年当時の西澤にとって、外国特許出願より実験装置を完成して、研究成果を出すことがもっとも重要でした。実験装置の費用を出してもらえない助教授の立場の西澤が、渡辺教授に外国特許出願をお願いするのは無理な事情があったのです。

悔しい思いをした西澤は1962年に教授になった以降、以下のように全516件の外国出願をしています：

米国 229	ドイツ 90	英国 74	フランス 57	オランダ 19
カナダ 16	スウェーデン 6	中国 6	スイス 5	韓国 5
イタリア 2	ベルギー 2	台湾 2	フィリピン 2	ソ連 1

とくに、静電誘導型トランジスター（SIT）の基本特許が、日本語から英語への誤訳を理由に USPTO が拒絶した事件がありました。誤訳の訂正を求めるためには、当時6,000万円もの大金が必要と見積もられました。西澤は、連邦巡回控訴裁判所（CAFC）での裁判をおこない、最終的に権利化しています。日本の大企業であっても、CAFC での裁判をおこなうのは稀です。

また、大企業であってもロシアを市場とする企業でもない限り、ロシアに特許出願することは稀です。しかし、上記のように、西澤は、ソ連（現ロシア）に1件の特許出願をしています。この1件の特許出願は、磁気浮上による精密位置制御に関する特許で、いかに西澤が量子機械工学の分野を重要視していたのかがわかります。西澤は、1988年にロシア科学アカデミー外国人会員に選出されています。

なお、西澤の特許第273217号は、米国 IBM が日本に出願した特許（対応米国特許第3265990号）を拒絶するのに貢献しています。特許第273217号の明細書中には、現在の半導体レーザーに必要な基本的事項がすべて記載されていたからです。西澤の特許第273217号は、アイデアに過ぎないと批判する人もいます。しかし、具体的な構造を検討し、試行錯誤を繰り返して実際に発振に成功した IBM の研究者の特許を拒絶したことは、IBM の研究者よりも、緻密に西澤が半導体レーザーの構造や動作を検討していたことを示すものです。1957年出願の特許第273217号の図2には半導体レーザーに共振器を用いることが記載されています。さらに、1960年に出願した西澤の特許第762975号には、半導体チップの劈開面の表面で共振させる構造の半導体レーザーも記載されていました。

IBM は、日本以外のベルギー、スイス、ドイツ、フランス、英国、オランダ、スウェーデンでは権利化に成功していますが、日本には上陸できなかったのです。岸田文雄首相は、2021年12月に1兆4,000億円を超える大胆な半導体企業への投資をおこなうと表明しました。岸田首相の IBM の技術を導入して半導体産業を活性化せんとする方針とは、正反対の考え方です。

第2章　道場における実践　29

4)「舐めているのか」の真意

　しかし、「俺を舐めているのか」の言葉の裏にある西澤の真意に気がついたのは、さらにその後です。西澤は常々、「学位を取るために研究するのではない」、「論文を書くために研究するのではない」と学生を指導し、「ノーベル賞を取るために研究しているのではない」と言っていたのを思い出したからです。「俺を舐めているのか」は、「ノーベル賞は独創研究の結果で、独創研究に必要なのは実験であり、実験に依拠した研究こそが重要であることを、なぜ、おまえは、わからないのか」という叱責だったのです。

　「俺を舐めているのか」の言葉が含む本当の理由を説明するためには、レーザーの発明の前の西澤の研究環境についての説明が必要になります。それまで放電管（真空管）の研究をしていた西澤は、1949年の3月か4月頃、渡辺教授から「お前も半導体の研究を始めろ」との指示を受けました[5]。

　しかし、そもそも研究の対象になる半導体の結晶は、日本では手に入りませんでした。そこで、研究の対象になる半導体そのものを準備することから西澤は始めました。西澤は、半導体の材料にはどのようなものがあるかの調査から開始し、フィジカルレヴュー（Physical Review）誌にゲルマニウム（Ge）以外にも、シリコン（Si）、黄鉄鉱（FeS_2）、方鉛鉱（PbS）でも良いと書いてあることを見つけました。

　そして、川崎にある通産省工技院地質調査所を訪ねて砂川一郎技官から黄鉄鉱と方鉛鉱の鉱石を手に入れました。1950年10月にはGe1個、Si4種、黄鉄鉱10数種、方鉛鉱4個について測定し、渡辺教授と共著で論文を出しています[6]。

　1950年当時入手できた半導体材料は、すべて多結晶（単結晶の集合体）でしたので、西澤は、多結晶を研磨して電気的測定が可能な平面を出していました。1991年にNHKが『電子立国日本の自叙伝』を放送した際には、西澤道場で、黄鉄鉱を研磨して平面を出す再現実験の映像が映し出されています。

　『半導体の整流機構について（Ⅰ）』は、1951年の『半導体の整流機構について（Ⅴ）』まで続きますが、当時の権威の学説を否定する内容で、コペルニクス的転回と呼ぶべき大問題を起こし、その後、渡辺教授は西澤

の論文の提出を許さなくなります。しかし、渡辺教授は西澤にp-i-nダイオードの特許を出願することを1950年に許しました。GE社よりも18日早く出願したp-i-nダイオードの特許は、1955年頃の日本の主要半導体企業がGE社とライセンス契約の動きがあったとき、外貨審議委員会がライセンス契約を阻止することになり、西澤の特許は、日本の産業に多大な貢献をしています。

5) 1つの潮流の源泉、黄鉄鉱の研究

西澤は、p-i-nダイオードの研究だけでなく、砂川技官から入手した黄鉄鉱の結晶の特性の研究を始めました。図6のモデル図に示すように、完全な黄鉄鉱の結晶構造は、鉄（Fe）1に対して硫黄（S）が2の割合のはずです。しかし、実際には、Feの1に対してSが2.03～1.94の範囲でばらつき、電気的特性が変化することを西澤は実験で確認しました[7]。

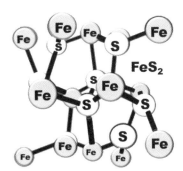

【図6】 黄鉄鉱の結晶構造のモデル図

1950年頃の西澤の論文のほとんどは手書きの論文でしたが、渡辺寧教授、砂川一郎技官と連名で発表した1951年の論文は、西澤の活字体による最初の研究発表の文献になりました。しかし、当時これを鉱物学会で発表した砂川技官によると、大変不評で珍説扱いされたそうです。Feの1に対して厳密にSが2となっている状態が、ちょうど化学量論的組成（ストイキオメトリ）になっている状態です。Feの1に対してSが2.03～1.94の範囲でずれることを「化学量論的組成からずれる」といいます。黄鉄鉱の「化学量論的組成の制御」の着想は、その後の西澤の化合物半導体の完全

結晶の研究の潮流の源泉になり、西澤が生んだ半導体産業におけるジェネリック・テクノロジー（基盤技術）としての意味と価値を有しています。

6) 黄鉄鉱の次はシリコン（珪素）

黄鉄鉱の化学量論的組成の制御の研究の潮流は、珪素（Si）の完全結晶成長の研究に合流して行きます。半導体研究の黎明期に、米国を含め多くの研究者は、トランジスター作用が発見された Ge に着目していました。しかし、黄鉄鉱の次に西澤が着目したのは、Ge ではなく Si でした。1952年頃、選鉱製錬研究所の小野健二教授等を介して、大学院特別研究生の西澤は、Si の塊や粉末を蒐集しました。西澤は、理学部化学科富永研究室の水銀アーク発信器を借用した水銀電弧式誘導炉で、Si 粉末を溶かす研究をおこないました。

Si 粉末を溶かす実験により、Si に IV 族元素を添加すると Si の結晶性が改善されることを見出し、渡辺教授の単独発明として1953年2月に特許出願がされ、特許第209001号（特公昭28-3273号）として権利化されています。大学院特別研究生であった西澤は、特許第209001号に共同発明者として記載されることを許されませんでしたが、特許第209001号に記載された技術内容は、渡辺教授他との共著として東北大学電通談話会記録に掲載されました [8]（西澤の大学院特別研究生の時代の p-i-n ダイオードの特許第205068号は、渡辺教授から1950年に出願を許されており、p-i-n ダイオードの研究に対する渡辺教授の特別な意図が感じられます）。

東北大学電通談話会記録に掲載された、Si に IV 族元素を添加して結晶の格子歪みを緩和した研究の報告は、その後の完全結晶を成長する西澤の研究の先駆けになっています。図6に示した黄鉄鉱の結晶構造のモデル図でも同様ですが、西澤は、結晶構造という原子レベルでの自然現象を大学院特別研究生時代に着目し、その後、常に、原子レベルの振る舞いに注意して研究を継続していました。

Si 粉末を溶かす実験に成功した西澤は1953年4月に東北大学電気通信研究所の助手になります。西澤は、Si の単結晶を成長する結晶成長装置を自作し、単結晶を成長する実験に取りかかりました。現在の東北大学電気通信研究所の1号館旧西澤研究室には、図7にその高周波電源を示した

フローティングゾーン（FZ）法による結晶成長装置（以下において「FZ炉」と称します）が残っております。西澤は自著に「本邦初のFZ法」と記載しています[9]。Siは今日の半導体集積回路や多くの電子製品でもっとも多く使われている半導体材料です。

　単結晶を成長するには、坩堝を使う方法もあります。坩堝を使うと、高温状態の坩堝から単結晶へ不純物が混入する恐れがあります。不純物の混入の少ない純度の高い単結晶を成長したいと考えた西澤は、坩堝を使わないFZ法に着目しました。FZ法では、所望の領域（ゾーン）のSiのみを選択的に溶かし、溶かしたゾーンを移動させる必要があります。Siを選択的なゾーンで溶かすためには、高周波の電磁波を用いた高周波誘導加熱という方法で、選択したゾーンのSiのみを溶かす技術が必要になります。図7は、FZ法という半導体の結晶成長装置において、Siを溶かすために用いる高周波の電磁波を発生させる高周波電源です。

　渡辺教授は、研究費を出さずに「早く溶かせ」と西澤を急かしていました。高周波誘導加熱法で、選択したゾーンのSiのみを溶かすには、溶かしたいSiが収納されたゾーンの周りに高周波の電磁波を加えるコイルを巻いてSiに電磁波を照射します。高周波電源ができても、どのようなコイルを用いたらSiが溶けるかが、皆目わからないので、試行錯誤が繰り返されました。西澤は1957年にようやくSiを溶かすのに成功したと述べています[10]。1957年は半導体レーザーを発明した年です。

【図7】西澤が1953年に自作を開始し、回路部品を整えるまで3年を要した高周波電源

7）金がなくても研究はできる

東北大学電気通信研究所には、図7の高周波電源を用いたFZ炉以外にも一連の実験装置が、西澤の他界後も保管されていました。これらの一連の実験装置は、西澤が「ノーベル賞を受賞したら公開したい」として、担当技官に「誰にも触らせるな」と命じていたと聞いています。「ノーベル賞を受賞したら公開したい」装置は、「俺を舐めているのか」という西澤の言葉の裏にある研究環境に繋がっていたのです。

図7を含む一群の西澤の実験装置は、西澤が米国へ特許出願したくてもできなかった経済的な理由を意味しているとも言えます。SiのFZ法の特許で有名な米国のベル研究所のプファン（Pfann）らの米国特許第2,875,108号の出願日は1957年6月25日です。当時、世界中がGeに注目しており、実験を開始した時期からすれば、西澤のSiのFZ炉は、世界的な先陣を切る位置にいた研究であった可能性があります。プファンらは、ゾーンメルティング法の米国特許（米国特許第27390888号）を1951年に出願しています。1956年に登録された米国特許第27390888号を改良して、プファンらは1957年6月に米国特許第2875108号を出願したのでした。

西澤がSiのFZ炉の研究成果を出すのは、研究予算の関係で遅れてしまいました。しかし、実験の開始時期の1953年で比較すれば、本邦初のFZ炉どころか、SiのFZ炉に関しても、西澤は世界でも最先端におり、独自にSiのFZ炉を研究していたと筆者は考えています。西澤は、欧米の真似をするのではなく、研究資金のない状況のなかで、独自にSiの結晶を成長させることを必死に探求していたのです。これが「俺を舐めているのか」の言葉が、筆者に考えさせ、教えようとしていた内容であり、西澤の研究経営哲学の背景にある事実でした。

西澤という天才をみたときに、その偉大な研究成果に目が行く方が多いと思われます。しかし、実は研究資金がない環境において、その偉大な独創研究が達成された、という西澤の研究経営哲学の背景にある苦労と努力にこそ着目する必要があるので、本書では図1の三角形のフレームワークを提示しております。「資金がなくても、工夫により独創研究を実現する」という西澤の独創研究に対する研究経営哲学は、その後の西澤の偉大かつ膨大な研究成果の裏にある「西澤イズム」と言えます。

現在の日本の研究環境を論ずるとき、文部科学省等政府が研究予算を出さないことは別の重大な問題として存在します。しかし、「俺を舐めているのか」という言葉は、若い研究者に対し、資金がない研究環境にあっても、なんとか工夫をして独創研究をしなさいという西澤の研究経営哲学の教えなのです。

8）シリコンウェハーの世界シェアは現在も日本が優位

　FZ法等によって得られたSiの単結晶の棒を「インゴット」と呼びます。このインゴットを、厚さ0.3〜0.9mmの薄い板に輪切りに切り出したものを「Siウェハー」といいます（Siウェハーの口径が大きくなるほど、Siウェハーの厚さは大きくなります）。1980年代の初めの頃、Siウェハーの製造企業であるP社の当時の研究所長が、西澤道場を訪問しました。P社の研究所長が退席した後、筆者に向かい西澤が「あんなので所長が務まるか！」と大声で憤慨していたのを記憶しています。西澤は外部の人間に対し、温和に接するのが通常でした。しかし、来客が帰り部下に面するといきなり厳しい顔になり、その感情の切り替えには驚かされるものがありました。P社の研究所長の事件は、西澤のSi結晶に対する強い思いを感じさせます。

　西澤が研究を始めた頃は半導体の結晶には転移等の結晶欠陥があった方が良いという説がありました。この欠陥説に対し、西澤は完全結晶成長というジェネリック・テクノロジーを生んだのであります。2020年のデータですが、国際半導体製造装置材料協会（SEMI）が発表している企業別のSiウェハーの世界シェアは、日本のP社を含む2社の合計で世界の54.8％で世界の上位を占めています。西澤が「ミスター半導体」と呼ばれる所以の1つが、衰退した半導体メモリの分野ではなく、西澤が強い思いを向け、ジェネリック・テクノロジーとして生み、育てた完全結晶成長技術にあることを十分に理解する必要があります。西澤は、「ミスター半導体」と称されるよりも「ミスター完全結晶」と称されるべきかもしれません。

第2節　20年後に悟る指導が理想的

1) 全国10名の女性から非難された指導

1985年の「NHK 特集 光通信に賭けた男〜独創の科学者・西澤潤一〜」は、東北地区での初回放送の視聴率が15%だと聞いたことがあります。この NHK 特集は、2013年以降においても、少なくとも5回程度再放送されている人気番組です。1985年の3月の放送直後、全国の10名の女性から「あんな厳しい指導をしては駄目です」との批判の手紙が届いたと西澤から聞いていますが、その叱られていた研究者の1人が筆者です。

10名の女性から西澤に批判の手紙が届きましたが、実は西澤研究室は、1985年3月の放送以降も学生の人気が高く、西澤研究室を志望した学生の数は多かったのです。現在、某大学の教授を退官したAは、1985年の3月の NHK の放送を見て、西澤の指導を受けたいと思って西澤研究室に入ってきた学生の1人でした。

科学技術庁長官中川一郎（当時）が「科学技術立国元年」という言葉を打ち出し、1981年に新技術開発事業団（現 JST）法の一部が改正されて、創造科学技術推進事業（ERATO）が発足しました。ERATO は、1981年10月に4プロジェクトが、1986年9月までの期限でスタートしました。4プロジェクトの1つである西澤完全結晶プロジェクトにおいて、筆者は、西澤からグループリーダーに任ぜられました。1985年3月の放送では、そのグループリーダーとしての筆者が叱責されていたのです。

1981年の ERATO 発足の式典では、西澤から代行講演を命ぜられ、当時の土光敏夫経団連前会長、扇千景科学技術政務次官（当時科学技術庁）らの前で、西澤の独創研究に対する哲学を説明させていただきました。西澤完全結晶プロジェクトは、5年間で総額20億円の予算が充てられ、完全結晶技術により世界最高速のトランジスターを実現せんとするものでした。1985年に放送された番組は、NHK が ERATO の発足直後の1982年頃から約3年間、西澤に密着取材をした映像から編集したものです。

2) ミスター完全結晶の国家プロジェクト

フィンランドの T. サントラ（Suntola）が、化合物の元素を1原子層ず

つ交互に真空蒸着する「化合物薄膜の製造方法（Method for producing Compound Thin Films）」の特許を1974年に出願していました（米国特許第4058430号）。米国特許第4058430号の手法にサントラは「原子層エピタキシー（ALE）」の名称を付しました。西澤の手法は、元素の蒸着ではなくアルシン（AsH_3）分子層の基板表面への吸着と、トリメチルガリウム（$Ga(CH_3)_3$）分子層の基板表面への吸着の段階を光エネルギーで支援するGaAsの結晶成長であるので西澤は「光励起分子層エピタキシー（MLE）」と呼んでいました。

　西澤完全結晶プロジェクトは、西澤の発明した「光励起分子層エピタキシー（PMLE）」という1分子層単位の寸法で制御して半導体結晶を成長させて、トランジスターを実現せんとしていました。1982年頃からNHKの取材は始まっていたので、放送前の1984年には砒化ガリウム（GaAs）という半導体の1分子層単位の成長に成功していました（特許第2050513号他）。NHKの放送は、1982年頃の1分子層単位の成長に必要なPMLE結晶成長装置の設計に関しての西澤が指導している場面でした。

　結晶構造を考えるとGaAsの（100）面の1分子層の間隔は0.283nmです。0.283nmという寸法は、経済産業省やラピダス（株）が開発しようとしている2nm世代よりもさらに1桁近く微細です。5年間で1〜7号機

【図8】西澤道場における指導の風景（写真提供：河北新報社）

の7台のPMLE結晶成長装置を組み立てましたが、1982年頃の取材のとき、完成したPMLE結晶成長装置1号機を見て、西澤から叱責を受けました。西澤は、「成長容器が大きすぎる。なぜ言ったようにしないのか」と言いました。

　PMLE結晶成長装置は、超高真空に排気可能な成長容器の内部にGaAs基板を配置して、GaAs基板の上に原料ガスを断続的に繰り返し供給して、光触媒反応と表面吸着反応でGaAsの結晶を1分子層単位で順に成長します。すなわち、成長容器を超高真空に排気した後、第1ノズルから第1成分ガス（原料ガス）であるアルシンと、第2ノズルから第2成分ガス（原料ガス）であるトリメチルガリウムを、真空排気のプロセスを挟みながら交互に供給し、GaAs基板上に1分子層の吸着層を光触媒反応で形成させることを繰り返して、1分子層毎の結晶成長をさせるものです。

　PMLE結晶成長装置1号機の設計段階で「成長容器を小さく造るように」との指示を西澤から受けた筆者は、通常の半導体プロセスで用いられている真空容器（成長容器）よりも1/50～1/60に小さく設計したつもりでした。しかし、結果は、西澤の意に反した大きさになってしまい、「なぜ言ったようにしないのか」の叱責の言葉になったのでした。「これでも大きすぎるのか」と頭を抱えましたが、PMLE結晶成長装置2号機は1号機よりもさらに1/30程度小さく設計しました。PMLE結晶成長装置2号機の真空容器の大きさが極限の最小サイズに思われました。しかし、なぜ「成長容器を小さく造るように」と、西澤から叱られ続けるのか、筆者には、その理由が依然としてわかりませんでした。これも、西澤が知識を教えるのではなく、考える力を付けさせる指導をしていた例でした。

3）半導体素子を分子レベルの寸法で設計

　PMLE結晶成長装置6号機は、1～5号機が目的としていた化合物半導体であるGaAsの結晶成長ではなく、元素半導体であるSiを1分子層単位で成長させ、Siの半導体素子を分子レベルの寸法で制御することを予定した装置でした。PMLE結晶成長装置2～6号機の成長容器のサイズは、ほぼ同一でした。PMLE結晶成長装置6号機は、第1成分ガスであるジクロロロシラン（SiH_2Cl_2）を導入する第1ノズルと、第2成分ガ

スである水素（H$_2$）を導入する第2ノズルを備えていました。真空排気
のプロセスを挟みながら交互に供給し、Si 基板上に1分子層の吸着層を
形成させ、Si の1分子層毎の結晶成長をしようとするものでした。

PMLE 結晶成長装置6号機において、第1ノズルから第1成分ガスで
ある SiH$_2$Cl$_2$ 分子を Si 基板の表面に導入すると、SiH$_2$Cl$_2$ 分子の1分子層
が Si 基板の表面に吸着します。Si 基板が900℃以下の場合、Si 基板の表
面において、式（2a）に示すように、第1ノズルから導入された SiH$_2$Cl$_2$
分子は、SiCl$_2$ 分子と H$_2$ 分子に分解されます。

分解された H$_2$ 分子は、Si 基板から離脱し、分解されて残った SiCl$_2$ 分子
が光のエネルギーで Si 基板の上を表面泳動します。「表面泳動」とは、Si
基板の表面において、SiCl$_2$ 分子が動き回るということです。西澤は結晶
の完全性を高めるためには、SiCl$_2$ 分子が表面泳動するプロセスが重要で
あるという仮説に基づいて、研究を指導していました。分子線エピタキ
シー（MBE）やサントラの ALE では真空蒸着という物理吸着が主な反応
なので、分子層に隙間ができてしまう欠点があります。

$$
\text{（第1ノズル）} \quad \text{SiH}_2\text{Cl}_2 \; \rightarrow \; \underset{\text{表面泳動}}{\boxed{\text{SiCl}_2}} + \overset{\text{表面から離脱}}{\boxed{\text{H}_2\uparrow}} \qquad \cdots\cdots(2\text{a})
$$

西澤は式（2a）の右辺第1項の SiCl$_2$ 分子が、Si 基板の表面において表
面泳動することにより、Si 基板の表面が隙間なく一様に SiCl$_2$ 分子で充填
できるので、結晶の完全性が高くなると考えていました。

この後、真空排気を一定時間して、H$_2$ 分子や未反応の SiH$_2$Cl$_2$ 分子を除
去します。その後、第2ノズルから第2成分ガスである H$_2$ 分子を、Si 基板
上に導入すると、式（2b）の左辺に示すように SiCl$_2$ 分子からなる1分子層
の上に H$_2$ 分子の1分子層が吸着します。SiCl$_2$ 分子からなる1分子層の上に
H$_2$ 分子の1分子層が吸着すると、Si 基板の表面において、式（2b）の右辺
に示すように、分子層同士の反応で Si の原子と HCl 分子に分解されます。

$$
\text{（第2ノズル）} \quad \underset{\text{表面泳動}}{\boxed{\text{SiH}_2\text{Cl}_2}} + \overset{\substack{\text{表面に}\\\text{導入}}}{\boxed{\text{H}_2}} \; \rightarrow \; \underset{\substack{\text{結晶格子}\\\text{に結合}}}{\boxed{\text{Si}}} + \overset{\text{表面から離脱}}{\boxed{\text{HCl}\uparrow}} \qquad \cdots\cdots(2\text{b})
$$

分解されたHCl分子は、Si基板から離脱しますが、分解されて残ったSiの原子が、光のエネルギーでSi基板の結晶格子に結合します。この後、真空排気を一定時間して、HCl分子や未反応のH_2分子等を除去すると、Siの1分子層が結晶成長します。すなわち式（2a）と式（2b）で反応を示した分子のガスの交互導入を1サイクルとして、交互導入の1サイクル毎に、隙間無く一様に充填されたSiの1分子層が結晶成長します。Siの1分子層毎の結晶成長に成功したのは、西澤完全結晶プロジェクトの後半の時期でした。Siの（100）面の1分子層の厚さは0.136nmですので、制御する寸法のレベルはラピダス（株）が開発予定の2nm世代よりもさらに1桁以上も微細です。

4）学術的な裏テーマの存在

そして、図9に示したような4重極質量分析器（QMS）という質量分析器を用いて、Si基板の表面における式（2a）-（2b）で示される分子レベルの反応を測定しました。西澤完全結晶プロジェクトが5年の期間を終了せんとするタイミングですが、QMSによる吸着反応を測定しているとき、西澤に「成長容器を小さく造るように」と叱られた理由がやっとわかりました。

西澤が他の研究者や指導者と異なる特徴の1つは、西澤の研究経営には（イ）産業上の基盤技術となる研究をすることにより、日本国民を幸せにするという第1目的と、（ロ）学術的な基礎研究をおこない、わが国の学術的なレベルを高めるという第2目的の2つの目的が常に対をなし、第1目的と第2目的が有機的に結合していることです。第1目的は、第4章で説明するように、ジェネリック・テクノロジー（基板技術）となり得る成果を生む研究経営をするということです。

分子レベルの寸法で設計されたSiの半導体素子を試作するという第1目的には式（2a）-（2b）のようなSiの結晶成長のメカニズムを解明するという研究経営の裏テーマ（第2目的）が存在していたのです。実は、超高速トランジスターを実現するという第1目的だけを考える限り、西澤に叱られた1号機の成長容器の大きさでも良かったのです。しかし、式（2a）-（2b）の反応を確認したいという西澤の裏テーマのためには、6号機の

成長容器の大きさでも、まだ十分小さい成長容器であるとは言えないことが、5年を経てやっと理解できました。1分子層単位で設計された超高速トランジスターでは、電子が結晶格子に衝突しない量子力学的動作をします。

　筆者が道場を去った後になりますが、道場の財政事情の悪化が進行し、道場生の何人かは大学に移りました。このような事情から道場生から教授になったXがいます。Xの最終講義をWEBで聴講しましたが、西澤を「何に関しても世界一の性能の半導体素子（半導体装置）の実現を目指す怖い先生」と評していました。Xの最終講義から、「世界最高レベルの半導体素子の実現を指向した研究の裏で、西澤が真の研究テーマとしていたのは完全結晶の追求でした」との一言が筆者は欲しかったのですが、Xからはまったく言及がなく、非常に残念に思いました。

　Xに限らず、西澤のアカデミックな側面（第2目的）に気がつかずに卒業した教え子がかなりいると思われます。西澤は、「どのようにして半導体結晶が成長するのか」という、分子レベルでの量子力学的振る舞いまで深く追求するアカデミックな研究を23歳のときから志向し、継続していたのでした。SiのFZ炉のところでも述べましたが、ミスター半導体と称される所以は、西澤の半導体の完全結晶の追求という第2目的の研究にあると筆者は考えています。

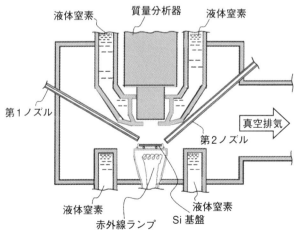

【図9】4重極質量分析器（QMS）による結晶表面の分子の反応の測定

5) なぜチャチな手作りの装置で世界一なのか

　超高真空に排気した容器を用いて Si 基板上において式（2a）－（2b）で示したような光触媒反応をさせる PMLE 成長の実験の前に、西澤は、Si 基板上に常圧で原料ガスを流して Si の薄膜を成長させる気相成長の実験を1960年代から継続していました。図7に示した高周波電源を用いた FZ 法は、Si のインゴット（円柱の棒状の塊）を成長させる方法です。Si のインゴットを、円柱の長さ方向に直交する方向に切り出した薄い円板が Si ウェハーですが、円柱の長さ方向に直交する方向を Si ウェハーの「面方向」と言います。FZ 法によるインゴットの結晶成長に対し、気相成長は、薄い円板状の Si 基板（Si ウェハー）の上に、0.01 ～ 0.001mm 程度の Si の薄膜を成長させる技術です。

　（財）半導体研究振興会は、産学連携の拠点でした。筆者が西澤に直接指導を受けた1972 ～ 1991年の間には、多数の企業からの研究生が、（財）半導体研究振興会のノウハウ技術の習得のために研修に来ていました。それらの研究生が疑問に思ったことは、なんでこんなチャチな手作りの装置で、世界最高純度の Si の薄膜の半導体結晶が気相成長できるのかでした。しかし、ここにわが国の半導体が復活する重要な鍵があります。すなわち、研究生が企業に帰って市販の気相成長装置を用いても、（財）半導体研究振興会のチャチな手作りの装置レベルを再現できないのです。同じ武器でその武器の使い方の技量を争うのではなく、全く新しい武器で世界と争いなさいということです。

　2014年に「高輝度・低消費電力白色光源を可能とした高効率青色 LED の発明」でノーベル物理学賞を受賞した中村修二博士は、窒化ガリウム（GaN）の気相成長技術に関する特許第2628404号を取得しています。特許第2628404号は、600億円の職務発明訴訟で話題になった中村博士の結晶成長技術です。西澤の技術は、半導体の材料は異なるものの、中村博士の特許第2628404号の結晶の純度に比して、約6桁（百万倍）も高純度なシリコン（Si）の気相成長技術です。

　このような0.01mm 程度の Si 薄膜を気相成長する技術が、西澤が所長を務める西澤道場のノウハウ技術としてあり、各企業に提供する産学連携の指導をしていました。高純度 Si 薄膜は耐圧6000V の p-i-n ダイオードの

実現に貢献するものであり、米国の研究者が西澤の肩を揺すり「造り方を教えろ」と迫った技術です。これらのノウハウ技術を用いて、p-i-nダイオード、静電誘導トランジスター（SIT）、静電誘導サイリスター（SIサイリスター）等の種々の半導体素子（半導体装置）が実現されていった背景がありました。これら種々の半導体素子は、上述した西澤の研究経営の（イ）の産業上の基盤技術となる研究という第1目的の結果でしたが、背景には第2目的の研究経営の裏付けがありました。

6）半導体結晶の表面の分子の反応に着目

すなわち、西澤の研究経営の手法は第1目的の裏で、（ロ）の学術的な基礎研究という第2目的が、有機的に結合して、同時に進行していたのが特徴です。したがって、西澤完全結晶プロジェクトの開始前に、既に赤外線吸収スペクトルの測定という手法で、西澤は、Siの気相成長の主役は二塩化珪素（$SiCl_2$）という分子であろうという仮説に到達していました。西澤は、サントラが1974年に提案したALEの発明（米国特許第4058430号）を参考にしましたが、PMLEはALEの改良研究という位置付けではなく、1960年代から続けていた西澤独自の気相成長の研究の延長上にあるものでした。西澤は、式（2a）-（2b）に示したような$SiCl_2$分子のSi基板の表面への吸着の段階と、Si基板の表面における$SiCl_2$分子の表面泳動の段階が、Siの気相成長において重要な意味を有しているであろうとの仮説に到達しており、この仮説を検証したいと考えていました[11]。

西澤の西澤完全結晶プロジェクトでの裏テーマは、Siの気相成長の主役と推定される$SiCl_2$の分子層としての吸着を、図9に示す質量分析器（QMS）を用いて、直接確認しようとするものでした[12]。サントラのALEは化合物を対象としていましたが、サントラの手法とは異なり、Siという元素半導体（単元素半導体）であっても、式（2a）-（2b）に示したように基板の表面へ光触媒反応で分子が吸着するプロセスや光のエネルギーで分子表面泳動するプロセスが関与しているため、西澤は「光励起分子層エピタキシー（PMLE）」と命名していたのです。

しかし、Si基板の表面に吸着する$SiCl_2$分子のQMSによる検出は、極めて難しいものです。図9において、右側に真空排気と記載されています

第2章　道場における実践　43

が、この真空排気される部屋が真空チャンバー（成長容器）です。真空チャンバーには、外側から第1ノズルや第2ノズルが導入され、質量分析器も上から挿入されています。この真空チャンバーをできるだけ小さくしないと、QMSの測定においてバックグラウンド（背景）成分となる成長容器の壁から発生する残留ガスや、原料ガスであるSiH_2Cl_2のSi基板以外の場所での反応生成ガス等の余計な信号に埋没して目的とする反応が見えなくなってしまうからです。図9の上部中央付近において、QMSの周りやSi基板の周りを$-196°C$の液体窒素で冷却しています。液体窒素で冷却している構造は、バックグラウンド成分を液体窒素温度の壁に吸着させて、余計な信号成分を除去しようとしているのです。また、成長容器をできるだけ小さくしないと、反応生成物の排気速度が遅くなってしまい、不要なバックグラウンド成分になってしまうので、求めている信号成分との分離が困難になります。

　QMS装置は高価なため、西澤完全結晶プロジェクト以前には購入できなかったので、西澤はQMSの測定は未経験でした。しかし、西澤の頭の中における思考研究は、QMSの測定における問題や困難性を既に見越しており、「成長容器を小さく造るように」と筆者に指示していたのです。図9を見ると、Si基板の表面の反応のみを効率良く測定するためには、さらに成長容器を小さくする工夫の生じる可能性があることがわかります。

　QMSの測定の例では、筆者が「成長容器を小さく造るように」の意味を理解するに5年を要した例ですが、西澤は、「10〜20年後で、教え子や道場生がはっと悟るぐらいの指導が理想である」と常々言っていました。

7）「はいはい言うな！」

　西澤は、知識を教える指導ではなく、考える力を育てる指導をしていました。1985年のNHKの番組では、「はいはい言うな！」と西澤から叱責されている筆者の様子が全国に放送されています。この意味は、「おまえには、到底わからないはずのレベルの話をしているのであるから、迂闊に、今俺が指導している内容に、はいはいと答えるな！」という西澤の指導です。「はいはい言うな！」の言葉の少し前の映像には、「なぜ理解しないのだ！」との西澤の叱責の場面もあります。

また、西澤は「10〜20年会わなくても、教え子が今何を考えているかわかる」とも言っていました。人類は700万年前にチンパンジーとの共通祖先から分離した猿人が最初とされていますが、言葉を使い始めたのは7万年前からと言われています。西澤は、言葉を用いないで、相手が何を考えているかを感じる太古の人間が持っていた能力を有していたように筆者には思われます。そして、道場生の脳内の思考や理解のレベルを読み取り、道場生の理解のレベルの少し上の課題を道場生に与え、「はいはい言うな！」の言葉で道場生を育てる指導をしていたと思われます。

第3節　頭の中に論理のジャングルジムを構築せよ

1）使い方によりコンピューターは有効ではあるが

　西澤はビッグデータの統計処理等においてはコンピューターが有効であり、使い方によりコンピューターが優れていることは認めていました。たとえば、コンピューター制御による気相成長法やFZ法による結晶成長技術の研究もしていました[13]。FZ法による結晶成長は、インゴット（丸棒）状の単結晶を成長させる方法ですが、気相成長法はインゴットを薄い輪切りにしたウェハーの上に薄膜を成長する方法です。

　図7を用いて既に説明したFZ法の1機を西澤は、「本邦初のFZ法」と述べていますが、図10は、1954年のFZ法の1号機から発展させたFZ

【図10】コンピューター制御によるSiインゴットの結晶成長装置（FZ炉）

法の2号機で、2号機はコンピューター制御による単結晶成長の実験をしていました。図10の手前（左下）には、1970年頃、コンピューター・ソフトウェア・プログラムを入力するために用いられていた鑽孔テープの解かれた状態が見えます。

2）コンピューターに依存するのは頭の悪い人

　コンピューター制御を半導体製造プロセスに適用する一方で、コンピューターによる数値解析に関しては、西澤は慎重な姿勢をとっていました。コンピューターによる数値解析は、その数値解析に用いる初期条件や境界条件に依存するので、限定された条件における特殊解しか与えないからです。西澤の研究は特殊解ではなく一般解を追求するものでした。第4章で説明するとおり、当時知られていたギブスの相律（Gibbs' phase rule）がマクロなレベルでの特殊解であることを西澤は実験的に証明しました。そして、西澤は、蒸気圧制御温度差法という化合物半導体の結晶性を高める技術の発明により、従来の特殊解をミクロなレベルまで含む一般解の方向へ拡張しました。

　西澤が教え子や道場生に指導した「勉強」は、権威者の書いた本を読むことではなく、自分の頭に構成したジャングルジムで考えることでした。西澤は、自分の頭の中に種々の分野の論理のジャングルジムを構成し、ジャングルジムの中において矛盾が発生しないかを自分の頭で考えるようにと、教え子や道場生を指導していました。図9で説明したQMSの測定の話は、西澤の頭の中のジャングルジムにおける思考の結果「小さく造れ」と指示したものでした。

　西澤は、1963年から1999年まで毎年1回、蔵王において3泊4日で半導体専門講習会を開催し、日本の半導体研究の第一線の研究者を集めて討論を中心とした勉強会をしていました。その成果をそれぞれ350頁前後にまとめた「半導体研究」全46巻は、西澤が真の意味での学術専門書を出版しようとしていたものであり、わが国の半導体の研究開発に大きな役割を果たしていました。

　ある年の半導体専門講習会でのことですが、筆者が講師に自分の研究テーマに関する質問をしたら、「なぜあんなことを質問するのだ」と西澤

から叱られました。自分の頭で考えて、自分の実験で証明せよとの指導でした。

「独創研究には実験が重要であり、実験結果により自然界から得られる情報を、権威者の学説に従うのではなく、自分の頭に構築したジャングルジムの中で、どのような視座、視野、視点からみても論理的な矛盾がないように思索することである」というのが、西澤の「ジャングルジム論」でした。西澤のジャングルジム論からすれば、コンピューターによる数値解析は不十分な検討や、間違った答えを導く恐れが存在し、コンピューターによる数値解析の過信は危ないと戒めていました。

古代ギリシャの自然哲学者ゼノン（Zeno：紀元前490年～紀元前430年頃）が唱えたゼノンの逆理（パラドックス）は、線分には無限の点が含まれるが、無限の点で線分をつくることはできないと述べています。一般解には無限の特殊解が含まれるが、無限の特殊解で一般解をつくることはできないということであり、数値解析による特殊解に依存することを西澤は戒めていました。

筆者が大学院の前期課程において、円筒型の空洞共振器の中に配置された直方体（四角柱）の半導体結晶中の電界分布を計算しようとしたことがありました。この電界分布の計算は、数学的に解析のできない問題でした。西澤は「おまえの頭では解けない」と指導しましたが、どうも西澤は、この種の計算を既にしていたようです。やむを得ず、当時片平キャンパスにあった東北大学計算センターのタイムシェアリングシステム（TSS）の端末を用いて数値解析をしようと思い、プログラムを作成していました。しかし、後ろから西澤に、「コンピューターを使うのは頭の悪い人のやることだ」と言われ、ショックを受け、途中でやめてしまった経験があります。

3）　1＋1＝2でよいのか、よく考えよ

西澤は、「独創研究の基本は手抜きをしないことである」と指導し、良くコップ1杯の水と、同じようにコップのフチまで砂糖を入れたものを加えたとき、「2杯」にはならないという話をしました。トマス・エジソンも粘土の塊の例を持ち出し、幼少期に1＋1＝1であると言って先生を困らせ、学校をやめたとされています。ただし、エジソンの幼少期の逸話は

信憑性に欠けるという説もあります[14]。

　実際には、自然界には $1 + 1 = 2$ にならない例は多数あります。1891年に G. ペアノ（Peano）が定式化した「ペアノの公理」のように、自然数や加算の定義をして、初めて数学的に、$1 + 1 = 2$ が証明できます。ペアノが提示した 5 命題のいずれかが成立しないときは、$1 + 1 = 2$ にはならないはずですので、$1 + 1 = 2$ は、特殊解の 1 つということになります。エジソンの $1 + 1 = 1$ も特殊解の 1 つであり、数学的には、「自明な群の話」として証明できます。2 進法であれば、$1 + 1 = 0$ です。

　すなわち、どのような前提条件や初期条件で計算するかを間違えば、コンピューターによる数値解析は、とんでもない結果を導くことになります。I. カント（Kant）は『純粋理性批判』の序論第 5 節の中で「わたしは 7 と 5 を結びつけることを考えるだけでは、決して 12 という概念を導き出すことはできない」と述べています[15]。同様に、ソクラテス（Socrates）も「$1 + 1 = 2$ という説明は受け入れることができないのだ」と述べています[16]。

4）小学 1 年生に電卓を使わせるな

　2006 年の第 164 回国会の「教育基本法」に関する特別委員会で西澤は、「小学校の 1 年生から電卓を使わせるなどということを決めたのが約 20 年前でございます。その後、いろいろな形でこれに対する批判も出たわけで、実はその会議の席上で反対したのは私 1 人でございます。」と述べています。筆者は、小学校の 1 年生に電卓を使わせて $1 + 1 = 2$ を暗記させる教育をしてはいけないという話を何度か直接聞いています。$1 + 1 = 2$ で良いのかと自分の頭で考えさせる指導こそ、自然科学の分野における独創研究には重要ということを西澤は考えていたと思います。

　電卓を使い $1 + 1 = 2$ を暗記させるような指導をしていたのでは、第 4 章で説明する独創研究の芽が育たないというのが、西澤の考え方であったと思います。コップ 1 杯の真水と、コップ 1 杯の砂糖水を足しても厳密には「2 杯」にはならないようなことは、ミクロな現象を精密に測定すれば、自然界にはたくさんあります。小学校 1 年生には、「$1 + 1 = 2$ でよいのか」をよく考えさせる教育をしなくては、独創研究に必要な能力は育た

ないというのが西澤の持論でした。第4章で図20を用いて説明しますが、教科書の記載を信用せず、分子論・原子論的なミクロな視点において自然現象を捉え直してコペルニクス的転回に至るというのが、西澤の独創研究の手法であったことは忘れてはならないと思います。

5）コンピューターだから正確だとは限らない

　英国では、2000〜2014年にかけて700人以上の無実の郵便局長が投獄され、少なくとも4人が自殺しています。原因は、1999年に英国の郵便局に納入したコンピューターの会計システムの欠陥ですが、2019年に裁判所がコンピューターシステムの欠陥を認定するまでの間に事態が悪化し、英国史上最大の冤罪事件にまで発展してしまっています。英国内に約1万1,500の郵便局を展開し、郵便サービスに加えて年金受取口座や保険販売といった金融サービスをしているポストオフィスは、決してコンピューターシステムにバグが存在することを認めようとしませんでした。この場合は、コンピューター・プログラムの問題であり、「コンピューターを使っているから正確です」とは言えないのです。

　数学における未解決問題に「任意の平面地図は高々4色で色分けできるか？」という四色問題がありますが、四色問題の証明は、場合分けの数が膨大です。1976年に、K. アペル（Appe）と W. ハーケン（Haken）は、スーパーコンピューターを1,200時間使ってこの証明を成し遂げました[17]。しかし、多くの数学者はこの証明が、コンピューターによる解析であると知ると失望したと伝えられています。未だ手計算で証明を完成させた人はいないのです。

　1995年12月の高速増殖原型炉もんじゅのナトリウム漏えい事故の原因は、温度計鞘管の応力設計にプリミティブなミスがあったためです。「コンピューターを使って設計しました」という設計者側の説明に対して、1997年に原子力委員会高速増殖炉懇談会の座長を務めた西澤は痛烈な批判をし、「設計者の出身大学を明らかにせよ」とまで述べています。コンピューターを使って計算する前提条件となる設計にプリミティブなミスがあれば、コンピューターを使っても間違った結果が導かれるのです。また、ブラックボックス化したコンピューターによる処理に依存してしまうと、

途中で気がつくはずの矛盾や不合理も見逃されてしまうからです。

6) 改良研究が独創研究の系譜や潮流を駆逐する

国王財政顧問 T．グレシャム（Gresham）が、1560年にエリザベス1世に対し「英国の良貨が外国に流出する原因は貨幣改悪のためである」と進言した故事から、グレシャムの法則として「悪貨は良貨を駆逐する」が知られています。図1の三角形の右側の頂角に示した指導の機軸の内容となる「自分の考えた新たな実験装置で自然を観察し、自分の頭で考える」という研究手法やその手法の指導という良貨は、現在の東北大学からは駆逐されつつあるようです。現在の東北大学には、自分で電気炉を巻いて、半導体集積回路を試作する研究室はなくなってしまったようです。

文部科学省は2023年9月に、「国際卓越研究大学」の認定候補に東北大を選定したと発表しました。国際卓越研究大学の認定候補の選択を聞いて、ある若手の東北大教授が「外部から講師を呼んで話が聞ける」と言っていると聞き、愕然としました。若手の教授の発言から読める悪貨は、図1の右下の頂角に「自分の頭で思考」と示したように、自分の頭で考えるという良貨を薄れさせていることを示しています。すなわち改良研究という悪貨の系譜が、独創研究の系譜や潮流を東北大学から駆逐しつつある危険性を感じさせます。実際のところ、晩年の西澤は現在の東北大学から独創研究の成果が出ていないことを非常に危惧しておりました。

第4節　貢献度表による評価

「事を成し遂げる者は、愚直でなければならぬ。才走ってはうまくいかない」は、勝海舟の言葉ですが、西澤はよく「愚直一徹」という言葉を用いていました。そして、研究成果に関しては、自分ひとりでやったと勘違いして「天狗になるな」という指導をしていました。そのため、図11のような貢献度表で、論文発表や特許出願に対する自分の貢献度をきちんと評価しなさいという指導をしていました。

まず、図11に示す発想段階の寄与分配率 m_1、具体的展開への工夫の寄与分配率を m_2、実際の結果を得る寄与分配率 m_3 とし、結論（発明抽出）

の寄与分配率 m_4 をそれぞれ決定します。結論（発明抽出）の寄与分配率 m_4 は、それぞれの論文や特許出願の内容や性質により異なりますので、そのつど決めます。ただし、

$$m_1 + m_2 + m_3 + m_4 = 1 \qquad \cdots\cdots(3)$$

です。そして、共同研究者甲の発想段階の寄与分配率 m_1、具体的展開への工夫の寄与分配率 m_2、実際の結果を得る寄与分配率を m_3、結論（発明抽出）の寄与分配率 m_4 をそれぞれ重みとして計算した総合評価貢献度を、

$$y_1 = x_{11} \cdot m_1 + x_{12} \cdot m_2 + x_{13} \cdot m_3 + x_{14} \cdot m_4 \qquad \cdots\cdots(4a)$$

のように、客観的かつ定量的に求めます。

　同様に、共同研究者乙の寄与分配率 m_1、m_2、m_3 および m_4 をそれぞれ重みとして計算した総合評価貢献度は、

$$y_2 = x_{21} \cdot m_1 + x_{22} \cdot m_2 + x_{23} \cdot m_3 + x_{24} \cdot m_4 \qquad \cdots\cdots(4b)$$

のように、客観的かつ定量的に求められます。

　さらに、共同研究者丙の寄与分配率 m_1、m_2、m_3 および m_4 をそれぞれ重みとして計算した総合評価貢献度を、

$$y_3 = x_{31} \cdot m_1 + x_{32} \cdot m_2 + x_{33} \cdot m_3 + x_{34} \cdot m_4 \qquad \cdots\cdots(4c)$$

のように、客観的かつ定量的に求めて、共同研究者甲、乙および丙の貢献度を定量化するというものでした（$y_1 + y_2 + y_3 = 1$）。

　そして、甲の総合評価貢献度 y_1、乙の総合評価貢献度 y_2 および丙の総合評価貢献度 y_3 を比較して、もっとも大きな総合評価貢献度を有する研究者を論文発表における筆頭著者や特許出願における筆頭発明者として決めるというものでした。

さらに、甲の総合評価貢献度 y_1、乙の総合評価貢献度 y_2 および丙の総合評価貢献度 y_3 を比較して、２番目、３番目の総合評価貢献度を有する研究者を論文発表における２番目、３番目の著者や特許出願における２番目、３番目の発明者として決めるというものでした。図11は共同研究者が３名の場合でしたが、４名以上でも同様ですし、２名でも同様です。

評価項目	分配率	共同研究者 甲	共同研究者 乙	共同研究者 丙
		点数	点数	点数
発想時のアイデアの独創性への寄与度（課題の提供又は課題が既知であれば、その課題解決の方向づけへの寄与度）	m_1	x_{11}	x_{21}	x_{31}
上記発想を具体的な研究に展開する際の工夫への寄与度	m_2	x_{12}	x_{22}	x_{32}
その展開から、実際に結果を得る段階での寄与度（その結果を得たのは誰か）	m_3	x_{13}	x_{23}	x_{33}
その結果を考察し、結論として、論文提出や特許出願可能な発明を導き出す段階での寄与度（その結論を得たのは誰か）	m_4	x_{14}	x_{24}	x_{34}
総合評価	1	y_1	y_2	y_3

【図11】西澤が用いていた論文発表や特許出願の際の貢献度表

注
(1) N.G. Basov, Radiotekh. & Electron, vol. 3, p.297 (1958)
(2) A.M. Prokhorov, Zh. Eksp. & Teor. Fiz. vol. 34, p.1658 (1958)
(3) J. Nishizawa et al, Appl. Phys. Lett., vol.6, no.6, p.115 (1965)
(4) 西澤潤一『西澤潤一の独創開発論』工業調査会、p.75 (1986)
　　西澤潤一『科学時代の発想法』講談社、p.80 (1985)
(5) 西澤潤一『愚直一徹　私の履歴書』日本経済新聞社、p.72 (1985)
(6) 渡辺寧他『半導体の整流機構について（Ⅰ）』「物性論研究」第31号、pp.70-84 (1950)

(7) 渡辺寧他『黄鉄鉱地質温度計について』岩波書店「科学」第21巻第3号、pp.140-141（1951）

(8) 渡辺寧他『26.珪素の溶解について（Ⅰ）』「東北大学電通談話会記録」pp.101-104（1953）

(9) 西澤潤一『西澤潤一の独創開発論』工業調査会、p.77（1986）

(10) 西澤潤一『独創は闘いにあり』プレジデント社、p.103（1986）

(11) J. Nishizawa et al, "Mechanisms of chemical vapor deposition of silicon", J. Cryst. Growth, vol.45, p.82（1978）

(12) J. Nishizawa et al, "Silicon Molecular Layer Epitaxy", J. Elecrochem. Soc., vol.137, p.1898（1990）

(13) 西澤潤一他『計算機援助によるエピタキシャル気相成長における不純物分布の制御理論』信学論（c）、vol/62-c、pp.373-380（1979）

(14) N. ボールドウィン著、椿正晴訳『エジソン』三田出版会、p.31（1997）

(15) カント著、中山元訳『純粋理性批判 1』光文社、pp.39-41（2010）

(16) プラトン著、岩田靖夫訳『パイドン 魂の不死について』岩波書店、pp.122-134（1998）

(17) K. Appel et al., "Every planar map is four colorable", Bulletin of the American Mathematical Society, Vol. 82, no. 5（1976）

第3章

道場の研究経営戦略

第1節　金のないところでモノを造って見せる

1）半導体の研究には多額の資金が必要

　日本の主要半導体企業が半導体事業から次々と撤退する結果となった理由の1つに、集積密度の増大にともなう半導体の設備投資が次第に膨大化し、設備投資競争において、日本の主要半導体企業の体力が続かなくなったことがあります。2022年11月に経済産業省が新会社ラピダス（株）に700億円の拠出を表明しましたが、ラピダス（株）が導入しようとしている2nm世代の露光装置は、1台だけでも200〜550億円もします。最先端の半導体集積回路を製造しようとすれば、莫大な投資が必要です。半導体集積回路の製造は極めて膨大な資金が必要です。

　しかし、西澤道場では、少ない予算の中で世界最高速のトランジスターや半導体集積回路を試作し、世界に知らしめることを第1目的としていました。渡辺教授の「研究室には金はやらん。やると仕事をしなくなる」との指導を、西澤は止揚（アウフ・ヘーベン）して、西澤イズムというべき西澤独特の研究経営哲学にまで高めていました。西澤の研究経営哲学は、金がなくても世界一の性能の半導体素子や半導体集積回路を製造できることを、実際に世界中に示すことでした。

　ノーベル生理学・医学賞を受賞された大村智先生は、第1章でも述べたように「研究を経営する」という言葉をよく使われます。西澤が常々述べていた「金のないところでモノを造って見せることが、学生には一番大切

54　第1部・本論　西澤潤一の研究と指導

な教育である」の言葉は、大村先生の「研究を経営する」哲学と同じ意味内容だと考えられます。大村先生は、松原泰道師（臨済宗龍源寺）の著書で、「経営という言葉は人材育成という意味である」ことを学んだと言われています[1]。

　仏教では「経営」の「経」とは「筋道（道理）を通すこと」であり、「営」は、「経」を「行動に現す」という意味になります。つまり、「経営する」とは、お経を営むことであり、自動詞としては「人として生きる道の教えを実践する」や「修行する」等の意味になります。他動詞としての「経営する」は「人間を教育する」や「育てる」等の意味になりますので、西澤の研究経営哲学は、金のないところで研究する人間を教育するという意味に解釈できます。松原師は、以下のように述べています[2]。

　　　『源氏物語』の中では光源氏がわが愛娘を地方へ勉強にやるときに、今なら「どうぞいたらぬ娘ですが、よろしくご指導ください」と言うところを、「この子の経営を万事お願い致します」と言っているのです。これは、単に勉強ということだけではなく、娘の人間形成もよろしくお願いします」ということを含んでいるわけです。

2）バリューエンジニアリング（VE）

「金のないところで研究する人間を教育する」という西澤の研究経営哲学は、Vを研究の価値、Fを研究の品質、Cを研究に要した費用として、

$$V = \frac{F}{C} \qquad\qquad ......(5)$$

と表せます。式（5）は、1947年にGEのL.D.マイルズ（Miles）が開発したバリューアナリシス（Value Analysis: VA）が母体となり、その後、アメリカ国防総省船舶局が、「バリューエンジニアリング（Value Engineering：VE）」と呼んで導入した考え方です。式（5）は、西澤の研究経営哲学を考えるうえで重要なVEの式になります。1970年〜1980年当時において、大学の研究室で、自前の半導体集積回路の製造ラインを

第3章　道場の研究経営戦略　55

持っていたのは西澤だけと推定されます。手作り（自作）の製造ラインだからこそ、安価に世界一の性能の半導体素子や半導体集積回路を続々と試作し、連続的に世界一が実現できたと考えます[3]。西澤は、「世界水準からしたら一番悪い研究環境である」とも述べていました。式（5）を鑑みますと、西澤の研究の価値Vは世界一の性能Fと共に、世界で一番悪い研究環境Cでその成果が生み出されたことに着目する必要があります。

1990年代の後半と記憶していますが、大学で半導体の勉強をしてきたという東京大学卒の弁理士Bに、「君はSiウェハーを見たことがありますか」と筆者が聞きました、彼の答えは「見たことがありません」でした。Bが卒業した東京大学の研究室では、Siウェハーを用いた半導体集積回路を製造する研究はできなかったのです。すなわち、1990年頃において、半導体集積回路の製造ラインを大学の研究室が持つのは至難のワザでした。よって、大学の研究室が資本の豊かな大企業と半導体集積回路の性能を競うのは無理な状況でした。

しかし、西澤道場において半導体集積回路を実際に試作し、試作した半導体集積回路が世界一の性能を有することを、西澤は実証的に示したのです。「世界水準からしたら一番悪い研究環境」となる西澤道場で世界一の性能を実証していますので、式（5）に示す西澤の研究の価値Vは、極めて大きな値になります。

3) 西澤サイズでランニングコストを下げる

手作りで半導体集積回路の製造ラインを持っていたという研究経営の手法の他、西澤道場では、Siウェハーを図12に示すように10mm角に切り出して半導体集積回路等を試作するSi基板として用いる工夫をして、研究費の無駄を削減していました。すなわち、西澤サイズの10mm角に切り出すことにより、半導体集積回路やその要素となる半導体素子を製造する際のランニングコストを、Siウェハーをまるごと使う場合に比して、2桁以上も低減させていました。「小さく造れ」という研究経営の指導が西澤の「金のないところでモノを造って見せる」という哲学から生まれたものでした。

図9の真空容器に収納されたSi基板も西澤サイズの10mm角です。通

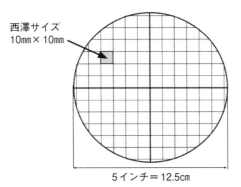

【図12】5インチウェハーと西澤サイズの比較

常市場で入手可能な Si ウェハーをそのまま真空容器の内部に収納したら、図9の真空容器は非常に大きくなりました。1985年の NHK 特集で筆者が叱られていたのは、10mm 角という西澤サイズを用いたうえで、さらに真空容器を小さくしなさいという指示に関するものでした。

　図12からわかるように、5インチウェハーから西澤サイズ（10mm × 10mm）の Si チップを100個程度切り出すことができます。面積比にすると、2r = 12.5cm（＝5インチ）として5インチウェハーの面積は西澤サイズの Si チップの

$$\pi r^2 = \pi(6.25)^2 = 1.23\times 10^2 = 123 \text{ 倍} \qquad \cdots\cdots(6)$$

です。r は円の半径です。半導体素子や半導体集積回路は高純度の石英ガラスで構成された反応管やこれに等価な反応容器の中で熱処理等が実施されます。反応管や反応容器は三次元空間（立体）で考える必要があります。5インチウェハーと同一半径 r の球と10mm 角の立方体の体積比を考えますと、

$$(4/3)\pi r^3 = (4/3)\times(6.25)^3 = 1.022\times 10^3 = 1022 \text{ 倍} \qquad \cdots\cdots(7)$$

となります。「小さく造れ」という研究経営の指導は、半導体素子や半導体集積回路を製造するのに必要な反応管、もしくは反応容器に流す高価な

高純度ガスの量を２〜３桁も削減し小さくできることを意味しています。半導体集積回路の製造にはSiチップの洗浄工程もあります。「小さく造れ」という研究経営の指導は、Siチップの洗浄工程に用いられる高価な薬品、純水等の量も２〜３桁も削減し小さくできることを意味しています。

　市場で入手可能なSiウェハーをそのまま用いた場合には、当然、反応管等を収納してSiウェハーを加熱する電気炉の大きさも大きくなりますので、電気代も高くなります。西澤の研究経営の指導に従い、小さく造れば電気代も削減できます。

4）量産技術と独創技術を明確に識別せよ

　もともと、図12に示した高周波電源を用いたFZ炉等、半導体の研究の黎明期には、１インチ（25mm$^\Phi$）程度の口径の丸棒（インゴット）でした。その後、半導体産業の発達と共に、インゴットの口径は２インチ（50mm$^\Phi$）、３インチ（75mm$^\Phi$）、４インチ（100mm$^\Phi$）と次第に大きくなりました。そして、インゴットから切り出させるウェハーサイズも大きくなり、現在では12インチ（300mm$^\Phi$）のウェハーまたは18インチ（450mm$^\Phi$）のウェハーまでが、市場で提供されています。

　ウェハーサイズが大きくなったのは、半導体集積回路の１ウェハー当たりの単価、あるいは１製造ロット当たりの単価を安くしたいという目的のためで、大学の独創研究には関係ないことです。西澤は、単価を安くするという目的が優先される企業の量産技術と、大学の独創研究とを厳格に識別していました。筆者の購入申請に対し「これは企業の技術である」と指摘し、企業が用いている半導体製造装置の購入を絶対に許しませんでした。

　西澤は、企業の量産技術を大学でやってはいけないという考え方で、その背景には、いかに研究費を安くして効率的に研究するのかという、式（5）のVEの考え方を考慮した西澤の研究経営哲学があります。

　現在でも、仕様が限定されてはいますが、２インチや３インチのSiウェハーは購入可能な状況です。しかし、２インチや３インチのSiウェハーを搭載もしくは収納して処理できる半導体製造装置は入手困難になっています。もとより、図12に示したような西澤サイズ（10mm×10mm）のSiチップを搭載若しくは収納して処理できる半導体製造装置は、入手困

難または入手不可能であり、手作り（自作）する必要があります。

西澤が1953年にSi単結晶を得るためにFZ炉の自作を開始したことは、既に図7を参照して説明しました。このとき、西澤に半導体を研究することを命じた渡辺教授は、既にGeのインゴットを手元に入手していました。しかし、西澤には見せませんでした。渡辺教授がGeを持っていることを西澤に示したのは、西澤がSi単結晶を成長できるようになった後のようです。

「金がないから何もできないという人間は、金があっても何もできん人間である」というのは、大村先生の郷里山梨県韮崎市の先輩小林一三（現在の阪急電鉄の前身である箕面有馬電気軌道の創業者）の教えだそうです。小林翁の教えは、「モノがないから研究できないというのは言い訳だ」と言い換えることができると考えます。そして、この言い換えは渡辺教授が「研究室には研究材料はやらん。やると仕事をしなくなる」という考え方であったと推定させます。

なお、西澤は、「本当は、研究費は多い方が良い」と道場生に言っていましたので、西澤の研究経営の哲学は、研究費が少ない方が良いという意味ではないことに留意が必要です。実際、ERATOの発足前の会合で西澤は当時の科学技術庁長官に「0が1つ足りない」と具申したようです。師である渡辺教授の「研究室には金はやらん。やると仕事をしなくなる」という指導であったが故の西澤の苦労と苦悩でした。このため、西澤は渡辺教授に「研究して成果をあげることは、金がなくてもできます。だけど同時にそれを世の中の人に認めさせるには、相当な金がいります。世の中の人に『そうだな』いわせて工業化に影響を与えなければ仕事になりませんから、そこに金が要るのではないですか」と申し上げたようです[4]。結局のところ、第1章で説明したように、資金難で（財）半導体研究振興会が解散する悲劇が西澤に生じていますが、VEを説明する式（5）は、いかに研究費を有効に使い、研究成果に結びつけるかを研究者自身で工夫をしなさいという指導になります。

研究に必要な実験装置を手作りすることは、「金がなくても、なんとか工夫にして独創研究を実現する」という西澤の研究経営哲学の根本にあります。そして、費用を抑えるという効果の他に、手作りをすることの特徴

は、実験結果を踏まえて、迅速に性能の改善や改良することが容易であるということです。改良に改良を加えることにより、上述の世界最高純度のSi薄膜の気相成長装置が実現できます。

　西澤は、「もし立派な機器・装置が簡単に手に入っていたとしたら、プロセス抜きに完成品ができあがってしまい、実は、作り上げる過程にひそんでいる重要なカギなりポイントとなる技術（または方法）に、気がつかないままに終わっていたかも知れない」と述べています[5]。実験結果を踏まえて、改良に改良を加える段階の中に、独創研究に繋がる技術（または方法）が見つかることの重要性と、機器・装置を簡単に手に入れた場合に独創研究を見落とす恐れのあることを、西澤は研究経営哲学として指導していました。

5）独創研究にスーパー・クリーンルームは不要

　VEの意味では、10mm × 10mmのチップサイズで試作するという西澤の指導は極めて重要でした。しかし、現在の東北大学では、西澤サイズ（10mm × 10mm）の半導体チップを使いランニングコストを低減しようと努力している研究室は、消えようとしているようです。西澤は「大学には、膨大なランニングコストの必要なスーパー・クリーンルームはいらない」という考え方で、実際にスーパー・クリーンルームを使わずに、世界最高性能の半導体集積回路を実現していましたが、これもVEの思想の反映です。

　西澤研究室で助手、助教授を務めていたYは、西澤の反対したスーパー・クリーンルームを東北大に建設した事件により西澤の下を去ることになりました。Yの尽力により現在の東北大学は、世界でもっともスーパー・クリーンルームの数が多い大学になりました。しかし、後述する図14に示すように、英高等教育専門誌タイムズ・ハイヤー・エデュケーション（THE）の評価では残念な結果になっています。スーパー・クリーンルームの数を増やして、企業がすぐ欲しい改良研究に関する結果は出すことができても、企業に研究の影響力（質）を与える独創研究ができていないという、晩年の西澤がもっとも懸念していた事態を図14のデータは、示しています。

　実は、スーパー・クリーンルームというのは、人間が半導体製造プロセ

スに関与する「半導体農業」の時代の遺物です。西澤は、超高真空の環境で半導体製造プロセスを実行してクリーンルームを不用にするシステムを考えていました。たとえば、結晶成長の直後に結晶の表面を大気に触れさせないで、ただちに電極付けをする装置等を1980年代に設計して立ち上げていました。

いずれにせよ、実験装置は手作りが基本であるという西澤の指導はVEの意味で極めて重要です。筆者は西澤の指導でクリーンルームの素材を購入して、西澤道場の内部に簡易なクリーンルームを日中の実験が終わった後の夜中の作業として自作しました。

第2節　自由度を与える指導の誤算

第2章で述べたように、西澤は、教え子や道場生に具体的かつ詳細な指示をせず、教え子や道場生にまず自分の頭で考えさせます。「考える」とは、手順を自分の頭を知的に使って判断し工夫するということです。最初は教え子や道場生に「こうした方が良いと思う」と柔らかく指導し、強制はしません。第1章の後段で述べた中村教授の例のように、別の登山ルートを開拓して目的とする頂上に到達すれば、その登山ルートを否定することはありませんでした。しかし、その教え子や道場生が西澤のアドバイスに従わず、別の登山ルートを採用した場合において、「失敗しました」と次の実験報告に行くと雷が落ちました。

教え子に自由度を与える寛容かつ抽象的な西澤の指導は、時に重大な問題を生みます。西澤をプロジェクトリーダーとする総予算約95.5億円の国家プロジェクトが、筆者が退職して3年後の1996年に開始されました。プロジェクトのサブリーダーの1人に、教え子のZが任じられました。Zは道場生ではありません。教授Zは、西澤の意に反して5インチのSi半導体製造ラインを研究装置として導入してしまいました。西澤は「俺の初年度予算のうちの80億円をZが勝手に使った」と激怒しました。Zの採用した手法は、第2章や第3章の第1節で説明した「企業が用いている半導体製造装置は使わない」「手作り」および「小さく造れ」という西澤の原則から明らかに外れています。Zのそれまでの研究実績から、当時の西澤

はZを信頼して任せたと思われます。しかし、西澤研究室を卒業後、長い間企業に在籍したZは、西澤道場の研究経営戦略を理解していなかったのです。

　謎は、Zの周りに西澤の研究経営戦略を理解できている道場生がいたのに、なぜZをサポートできなかったのかということです。西澤は、大きなプロジェクトの前の予算計画には非常に慎重です。前述の西澤完全結晶プロジェクトの予算計画では、西澤は購入予算計画を細かく精査し、筆者が提出した既存の製造装置の購入計画はことごとく西澤に棄却されました。西澤完全結晶プロジェクトの予算計画の立案に際し、筆者は朝8：30に西澤の部屋に呼ばれ、昼食抜きで午後3：00まで、「企業が用いている半導体製造装置は購入するな」と、予算計画の変更の指導を受けました。1985年のNHK特集で筆者が指導を受けている場面は、世界のどこにもない新たな半導体製造装置の設計の場面でした。

　西澤の寛容な指導が生んだ失敗例となってしまいました。西澤の激怒は大きく、Z本人だけでなく、Zの研究室の助手Cでさえも、2度と西澤の顔を見ることができない事態になってしまいました。Cは、西澤の教え子であり、学生時代のCを西澤が信頼し、種々の機会にCを同伴し親密であった様子を筆者は覚えています。

第3節　独創技術を尊重しない産業界への警鐘

1）既存の装置では競争に勝てない

　西澤は「中国や韓国が自然科学系のノーベル賞受賞者が少ないのは、既存の装置を用いて研究していることによる要因が大きい」と、しばしば話をしていました。中国や韓国の研究者は、半導体製造装置の型式・型番まで調べていると西澤は述べていました。既存の装置で研究しても、既存の技術の延長にしかならず、新たな基盤技術（ジェネリック・テクノロジー）を生む独創研究には繋がらないというのが、西澤の考え方でした。

　1980年代に西澤の下に中国の研究生が来ていました。筆者らと某研究員の自宅で飲食をした際、その中国の研究生は、某研究員の自宅の冷蔵庫の型式・型番まで詳しくメモをしていました。

半導体産業の復活を考えるとき、西澤の製造装置に関する指摘は極めて重要であり、安易に外国の製造装置を導入してはならないという警鐘になります。

2）企業よりも20〜30年先を進んでいるべき

　筆者は西澤から「独創研究をするためには、実験装置から独創技術でなくてはならない」という独創研究に必要な哲学を何度も聞かされました。この独創研究に対する考え方が、第2章で述べた「手作り」および「小さく造れ」という西澤の研究経営戦略の原則に繋がっています。さらに、西澤は、「本当は大学などでは、会社で使いはじめた頃には、もうやめてしまっているぐらいでなければならない。そうすれば、とうぜん大学ではじめるころには、もちろん機械は売っていない」と、独創研究に対する西澤独自の哲学を補足しています[6]。

　独創研究に用いる実験装置は、企業が製造に用いている製造装置よりも、20〜30年先の基盤技術を指向した独自のものでなければならない、と指導していた西澤にとって、国家プロジェクトで5インチのSi半導体製造ラインが導入されたことは、耐えられない事件であったと思われます。西澤の「それは企業の技術だ‼」という注意は、企業の技術である実験装置を使う研究環境では、改良研究はできても、現在の企業の技術を超えた新たな基盤技術を生み出せないということなのです。

　西澤は23歳のとき、イオン注入方法（特許第229685号）を発明していますが、西澤が発明したイオン注入方法は、現在でも半導体集積回路の主要製造技術になっています。20〜30年程度のスパンでは、イオン注入方法は、半導体の分野で不要な技術にはなってはいないです。しかし、西澤の「本当は大学などでは、会社で使いはじめたころには、もうやめてしまっているぐらいでなければならない」という考え方は、大学ではイオン注入方法の改良研究をする必要はなく、新しい基盤技術を生む独創研究をしなさいという意味と思われます。

　薬師寺泰蔵は、白熱電灯の発明には、真空ポンプという外部技術が必要であったと述べています[7]。同様に、ジェームス・ワットの蒸気機関のシリンダーには、精密な加工技術が外部技術として必要であったと言われ

ています。西澤の研究経営戦略は、外部技術を待つのではなく、独創研究による基盤技術の創出には、研究者自身の発想による新たな「内部技術」の開発が必要であるという研究経営の指導内容に導かれています。西澤が若い研究者に指導したいのは、既存の装置ではなく全く斬新な装置で研究してこそ独創研究となりうるということであったと思います。

3) 日本の半導体の輸出のシェア減少の理由

　1988年度には、日本の半導体の輸出シェア（売上高）は世界の50.3％でした。1986～1992年に半導体の輸出シェアの上位10社に日本の企業が6社（NEC、東芝、日立、富士通、三菱、パナソニック）が入っていました。しかし、1993年に半導体の輸出シェアが40％に落ち込んで、米国にシェア1位の座を奪われると、その後も落ち込み続けています。英国のハイテク産業調査部門オムディア（Omdia）が発表した半導体企業売上高ランキングのトップ10社のラインキングには、日本企業は含まれていませんでした。16位がR社、17位がS社、18位にT社でした。

　このなかでも半導体メモリ事業の衰退が激しくなっています。半導体メモリ事業は既存の技術の延長上にある微細化への改良研究で競争する傾向に陥っています。このため、装置産業化し、プロセスに必要な製造装置が入手できれば後開発国であっても半導体メモリを製造できるので、参入障壁が低くなる傾向にあります。したがって、半導体メモリ事業の世界シェアの上位の企業は、日本→韓国→台湾→中国と移っていきました。

　既存の製造装置で製造できる半導体メモリをターゲットとしている限り、製造装置を入手できる巨大資本があれば、労働者の賃金の低い後開発国が過当競争で勝つことができます。競争に敗れた日本企業は、世界シェアを奪われていったのです。「独創研究に用いる実験装置は、既存の製造装置であってはならない」という西澤の研究経営戦略は、大学の研究だけでなく、日本の半導体企業の経営戦略に警鐘を鳴らしていると思われます。PMLEの装置の立ち上げは、ERATOの予算が1桁小さくなったときの、西澤の工夫でした。外国より高額な半導体製造装置を導入するのではなく、わが国独自の半導体製造装置を開発しなくては、世界で競争優位に争うことはできないはずです。

注

(1) 大村智『新しい微生物創薬の世界を切り開く』JT 生命誌研究館、季刊「生命誌ジャーナル」第84号、2015年3月16日

(2) 松原泰道『般若心経のこころ』プレジデント社、pp.156-157（2011）

(3) 接合型 SIT 集積回路に関しては J. Nishizawa et al, "Static Induction Logic-A Simple Structure with Very Low Switching Energy and Very High Packing Density", Jan. J. Appl. Phys., vol. 16, pp.151-154,（1977）等参照。MOS 型 SIT 集積回路に関しては J. Nishizawa et al., "U-Grooved SIT CMOS Technology with 3fJ and 49ps（7mW,350fJ）Operation", IEEE Trans. on Electron Device, vol. 37, pp.1877-1883,（1990）等参照。

(4) 西澤潤一『西澤潤一の独創開発論』工業調査会、p.75（1986）
　　西澤潤一『科学時代の発想法』、講談社、pp.80-81（1985）

(5) 西澤潤一『独創は闘いにあり』プレジデント社、pp.102-106（1986）

(6) 西澤潤一『人類は滅亡に向かっている』潮出版、p.143（1994）

(7) 薬師寺泰蔵『テクノヘゲモニー』中公新書、p.11（1989）

第4章

道場の理念

第1節 世界市場での優位性をどう勝ち取るか

1) バーニーの VRIO 分析

　世界の市場において、日本の企業が競争優位にたつためには、1991年に J.B. バーニー（Barney）が提唱した VRIO 分析に対応可能な独創研究が必要です。バーニーは、競争優位には、価値（Value）、希少性（Rarity）、模倣可能性（Imitability）、組織（Organization）の4つの要素によるフレームワーク（枠組み）の中での分析が必要であると提唱しました。

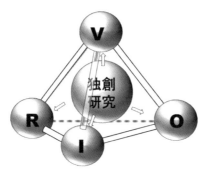

【図13】VRIO のフレームワーク

　VRIO の4つの要素のうちの価値（V）は、経営資源の経済的価値を評価する項目です。たとえば、売上にどれくらいの影響があるか、どれくらい社会に影響を与えているか、新たなビジネスチャンスに繋がるか等を評

価する指標です。20～30年先の基盤技術を指向した独創研究にこそ、経営資源の経済的価値があるということです。

　希少性（R）は、経営資源が競合する他社と比較してどれだけ独自性があるかを評価する項目です。20～30年先を指向した独創研究であれば、希少性が高く、市場世界シェアを獲得しやすくなります。半導体メモリ事業の衰退は、独創研究への投資を嫌い、横並びの同調行動を嗜好する日本人の気質に大きく依存し、希少性の評価の欠落にあるといえるでしょう。半導体メモリ事業の衰退の歴史は、競合する相手企業がDRAMで儲けていれば、自社もDRAMの事業で儲けようとするわが国の経営陣たちの無節操な横並び同調気質が寄与していると考えられます。

　模倣可能性（I）は、希少性に類似する評価項目ですが、競合他社がどのくらい自社の経営資源を模倣できるかを評価します。模倣が容易でない経営資源ほど希少性も高く、市場における競争優位性が高まります。日本の半導体企業は、模倣困難性等の競争優位性を考慮しない安易な取り組み方をして、半導体メモリ事業の衰退を導いてしまった過去を反省する必要があります。

　装置産業化した半導体メモリ事業は、半導体製造装置が入手できれば、後開発国であっても模倣できる状況になってしまったのです。模倣可能性で重要となるのが、高度なノウハウ技術の確立とその秘匿、さらには特許権等の産業財産権による保護です。

　4つの要素のうちの組織（O）については後述します。

2）模倣困難性の取得に重要な産業財産権による保護

　西澤が発明した特許第205068号は、p-i-nダイオード以外に、p-n-i-pバイポーラトランジスターや静電誘導トランジスター（SIT）までも含む半導体産業の分野における基本特許です。特許第205068号にp-i-nダイオードと共に記載されたp-n-i-pバイポーラトランジスターは、わが国の高速バイポーラトランジスターの8割が使用していると試算されました。しかし、わが国の半導体企業のいずれもが、ライセンス契約に応じないという特許軽視戦略を採用しました。

　日本の企業とは異なり、p-n-i-pバイポーラトランジスターのライセン

第4章　道場の理念　67

ス契約に応じる意向を示したのは、1985年にレーガン大統領に提出した
ヤングレポートで有名な J.A. ヤングが当時の社長をしていたヒューレッ
ト・パッカード（HP）社のみでした。

　ヤングレポートの後、米国は、特許重視の「プロパテント政策（特許重
視政策）」に転じ、日本封じに取りかかりました。わが国の半導体企業の
メモリ事業の赤字化が目立ち始めた1997年になって、米国産業界を復活
させているのがプロパテント政策であることを、やっと日本は認識しまし
た。

　わが国の半導体企業は改良研究を互いにクロスライセンスして、仲よし
になって開発する戦略を採用してきました。西澤とクロスライセンスでき
ないことが、わが国の半導体企業が西澤とライセンス契約しなかったこと
の1つの理由と思われます。

　当時の荒井寿光特許庁長官の私設懇談会「21世紀の知的財産権を考え
る懇談会」で、米国のプロパテント政策による国際競争力の強化が報告
されました。そして、東芝が DRAM 部門を米国マイクロン社に売却し、
DRAM 市場から撤退した翌年の小泉純一郎首相の施政方針演説を経て、
2002年7月に知的財産戦略大綱が発表されました。

　この経緯からわかるように、わが国政府や企業の経営陣が、特許による
保護戦略および営業秘密となるコア技術の秘匿戦略という、模倣可能性に
対する対策と評価を怠っていたことが、半導体メモリ事業の衰退に大きく
関わっています。VRIO のフレームワークの4つの要素のうちの最後の「組
織」は、経営資源を活用し続ける組織能力を評価する項目です。図13に
示す組織（O）は、価値（V）、希少性（R）、模倣可能性（I）のフレー
ムがあって初めて機能します。

　半導体メモリ事業の衰退は、1986年の第1次日米半導体協定と1991年
の第2次日米半導体協定が大きく影響していることは確かです。しかし、
世界市場における競争力を強化するための VRIO 分析を怠たり、日米半
導体協定に対抗できる体力を用意しなかった日本の半導体事業各社の反省
が必要です。既に説明したとおり、半導体メモリ事業の衰退に比して、Si
ウェハーの世界シェアは、日本の2社が現在でも世界の54.8%を占めてい
ます。Si ウェハーの生産等の結晶成長技術は、製造装置が入手できても、

種々の秘密管理された高度なノウハウ技術が存在し、経路依存性のある経営資源となり模倣困難性を生みます。したがって、後開発国にとって参入障壁が高い分野になっています。

VRIO の模倣可能性の１つの要素に経路依存性があります。「経路依存性」とは、企業の経営資源が、その独自の企業の歴史によって形成されているかどうかということです。経営資源の形成にあたって、ノウハウ技術の秘密管理性や、技術の過去の発展経路に依存している程度が、経路依存性に対応します。Si ウェハーの他、マスクブランクス、スパッタターゲット、フォトレジストという半導体製造プロセスに用いられる材料の分野は、50％以上の世界シェアを占めています。これらも、日本の化学メーカーが秘密管理されたノウハウ技術を活かした高い技術力を、経路依存性のある経営資源として生かしているからと思われます。

半導体集積回路等に用いる半導体製造装置は、2019年のデータでは、搬送装置、コーター・デベロッパー、プロービング装置、バッチ式洗浄装置、枚葉式洗浄装置、マスク検査装置、測長 SEM、ダイシング装置、モールディング装置、テスターに関しては、日本の企業が50％を超えていましたが、全体の世界シェアでは、アメリカ企業の方が高かったのです。しかし、日本の世界シェアは、低下の傾向にあります。全体の世界シェアでは、アメリカ企業やオランダ企業に負けるようになってきており、競争優位性が確保し難い状況になっています。

半導体製造装置は、リバースエンジニアリングにより模倣が可能である技術が多いのです。特許権等の産業財産権を確立して、経路依存性のある経営資源にしない限り、半導体製造装置は、参入障壁の低い分野であり、今後も日本の世界シェアの低下の傾向は変わらないと思われます。

2022年の半導体製造装置業界の業界ランキングの１位は、米国のアプライドマテリアルズ（AMAT）で、その世界シェアは25.8％です。以下２位はオランダの ASML（23.93％）、３位は米国のラムリサーチ（17.23％）です。やっと４位に日本の東京エレクトロン（16.91％）となっていますが、今後４位に留まれるかは注目に値します。

1967年に化学品供給会社として設立された AMAT は、日本に上陸したときは、赤外線ランプ加熱方式のエピタキシャル成長装置に特徴のある小

規模の会社でした（特開昭50-8473号公報、特開昭50-44181号公報）。光を用いたエピタキシャル成長技術を1961年に提唱していた西澤[1] は、1981年頃にAMATの技術を気にしていました。赤外線ランプ加熱方式の電気炉の設計に際し、筆者は、放物面鏡や楕円鏡等の反射鏡の光学原理がわかっていないと叱られた記憶があります。1985年に放映されたNHK特集で筆者が叱られていたのは、1982年頃からNHKが密着取材をした映像の一部であり、PMLE結晶成長装置の設計に関する指導の場面でした。PMLE結晶成長装置の設計は1981年頃から開始されていました。

　PMLE結晶成長装置が採用したのは、赤外線ランプ加熱で結晶格子を加熱し、さらにエキシマレーザーから紫外線を基板の表面に照射して、表面の分子運動を紫外線のエネルギーで励起する方式でした。NHK特集の放送内容からわかるように、西澤は、実験装置の設計内容を細部まですべてチェックし指導していました。現在AMATは、半導体製造プロセスのほぼすべての領域をカバーする世界最大の半導体製造装置になっていますが、1981年頃の西澤には、今のAMATの隆盛が見えていたのかもしれないです。

3）産業界の実情が招いた大学の停滞

　わが国の半導体産業の衰退には、わが国の大学の研究レベルの衰退と、大学の独創研究に投資しない半導体企業の性向や体質が大きく関係しています。2023年9月に、英国のTHEは、世界大学ランキング2024を発表しました。108の国・地域の1,904校を対象に、図14に示すように、教育環境、研究環境、研究の影響力、産業界との連携、国際性の5分野（18指標）で各大学のスコアを算出しました。2024年の総合ランキング1位はオックスフォード大学、2位スタンフォード大学、3位マサチューセッツ工科大学、4位ハーバード大学、5位ケンブリッジ大学で、英米系の大学がトップ10を占めました。オックスフォード大学は、8年連続で総合ランキング1位です。日本の大学は、東京大学が29位、京都大学が55位、東北大学が130位、大阪大学が175位、東京工業大学が191位、名古屋大学が250位以内でした。

　A. アインシュタイン（Einstein）博士は、1922年の来日のときには、東

北大学をライバル視していたということです。しかし、図14に示したように、現在の東北大学は残念な状況になっています。1993年に S.W. ホーキング（Hawking）博士が仙台を訪れましたが、その理由は、「アインシュタイン博士の本を読んでいたら、『やがてわれわれの大学と競争関係に入る大学は東北大学だ』と書いてあったからだ」と答えたと伝えられています。

　晩年のアインシュタインは、1922年の来日のときを振り返り「本多、日下部、愛知、石原が揃っていたころの仙台は脅威だった」と述懐しています[2]。アインシュタインが指摘した4人は、東北帝国大学教授の本多光太郎（1870-1954）、日下部四郎太（1875-1924）、愛知敬一（1880-1923）、石原純（1881-1947）です。石原純教授は、助教授時代の1912〜1914年にヨーロッパに留学し、スイス連邦工科大学チューリッヒ校（ETHZ）でアインシュタインのもとで学び、帰国後に教授になりました。アインシュタインの来日のときは、アインシュタインの講演の通訳をしました。

　アインシュタインの歓迎晩餐会では、渡辺教授の師である八木秀次教授の求めに応じて、東北帝国大学工学部の会議室の壁にアインシュタインがサインをしています。西澤は、八木教授の孫弟子になりますが、1922年当時渡辺は、1919年に設立された東北帝国大学工学部の助教授でした。アインシュタインの帰国した3年後に、八木教授は、八木アンテナの特許を出願し（特許第69115号、特許第69252号）、米国の学会から招待されて講演をしています。さらに、八木教授は、米国特許第1745342号と米国特許1860123号を取得し、これらの米国特許を RCA に譲渡しています。第2次世界大戦は、レーダーの技術の差で負けたと言われます。この技術の差は、飛行機からの電波の反射を八木アンテナで観測し、レーダーの基礎となる論文[3]を1937年に英独仏の3誌に投稿し、英語圏と非英語圏の文献に次々と引用されて大反響を呼んでいたのに、日本が注目していなかったことに起因しています。

　アインシュタインの評価とは異なり、図14からは、現在の日本の大学と産業界との連携は世界のトップレベルですが、研究の影響力（質）が低いという特徴がわかります。図14の評価は、日本の大学は、産業界がすぐ欲しい量産用の研究はしているが、20〜30年先に産業界等へ影響力を与える独創研究が欠如していることを示しています。つまり、VRIO 分析

第4章　道場の理念　　71

における価値や希少性の高い研究を、日本の大学が産業界等に与えること
ができていないという、日本の大学の致命的な弱みを示しているのです。

　スーパー・クリーンルームを建設して西澤と衝突し、西澤の下を去った
Ｙは、その後米国特許を西澤よりも多く取得するようになりました。筆者
が30代のときでした。Ｙは筆者の10年も年上の教授でしたが、西澤の命
を受け、「あなたのやっている研究は企業がすぐ欲しい研究であり、大学
の教授がやるべき研究ではない」と、意見を述べに行きＹから「失敬な！」
と怒鳴りつけられたことがあります。図14は、日本ではＹのような教授
が増え、大学の研究者が企業のすぐ役に立つ研究をする傾向になってし
まっており、企業側もVRIOのフレームワークにおける価値や希少性を
大学に求めていないことを示しています。安易に委託研究費等を稼ぐため、
企業がすぐ欲しい研究をやる大学教授が増え、改良研究に投資する企業が
増えたことは、日本の経済にとって大きな損失なのです。

　晩年の西澤から、「今の東北大学からは独創研究が出ていない。お前が
行って教授どもに意見を述べてきなさい」と、筆者は指示を受けておりま
す。この指示は、筆者が未だ達成できていない西澤の遺言になっています。
しかし、約30年前に筆者がＹから返り討ちにあった事件を西澤は覚えて
いるようでした。西澤道場内の不首尾について、全部「お前が悪い」と責
められるのが常であり、東北大学内の課題も筆者の責任であるかのように、
西澤は目を爛々と見開いて命じました。

日本の大学	総合世界順位	教育環境	研究環境	研究の影響力	産業界との連携	国際性
東大	29	93.9（11位）	94.2（14位）	67.8（606位）	100（1位）	49.7（809位）
京都大	55	85.4	84.3	60	100（1位）	45.7
東北大	130	67.8	66.4	53.8	99.9（29位）	58.5

【図14】産業界との連携は上位でも、研究の影響力で下位にいる日本の主要大学

第2節　教科書を鵜呑みにするな

1）ブラッグの三原則
　西澤は、よくキャベンディッシュ研究所の話をしていました。キャベン

ディッシュ研究所は、単一の研究所として2019年までに世界最多の30名のノーベル賞受賞者を輩出しています。キャベンディッシュ研究所は、1871年にケンブリッジ大学史上初の実験物理学講座として設立されています。ケンブリッジ大学は、図14に示したTHEの世界大学ランキング2024では第5位です。

ブラッグの三原則（Bragg's three rules）
  1．過去の栄光にとらわれることなかれ
   （Don't try to revive past glories.）
  2．流行のテーマを追うな
   （Don't do things just because they are fashionable.）
  3．理論家の結論したことを信じるな
   （Don't be afraid of the scorn of the theoreticians.）

キャベンディッシュ研究所の第5代所長のW.L.ブラッグ（Bragg）は、1937年のキャベンディッシュ研究所の所長就任演説でブラッグの三原則を述べています。西澤はブラッグの三原則を、道場生に対し度々説明しました。ブラッグは、1915年に「X線による結晶構造解析に関する研究」でノーベル物理学賞を25歳で受賞しています。25歳でのノーベル物理学賞を受賞は、2014年にM.ユスフザイ（Yousafzai）が17歳で受賞するまで、ノーベル賞全分野の6部門で最年少記録でした。

ブラッグの三原則を有名にしたのは、ブラッグの指導を受けたF. J.ダイソン（Dyson）です。ダイソンは、1941年にケンブリッジ大学の数学科に入学して物理学科の責任者ブラッグの指導を受けました。ダイソンは、同大学のフェローを務めた後、1947年に米国コーネル大学に移っています。そして、1970年にアメリカ物理学会誌フィジックス・トゥデイ（Physics Today）で、ダイソンがブラッグの三原則を紹介しています[4]。

ブラッグは、「ラザフォードは世界一の物理学者であるが私は違う」と言い、三原則の第1準則の「過去の栄光にとらわれることなかれ」により、物理を教えず、分子生物学と電波天文学を研究させたそうです。E.ラザフォード（Rutherford）は、キャベンディッシュ研究所の第4代所長でし

第4章 道場の理念   73

た。ブラッグの研究テーマの変更により、大量の研究者がアメリカに帰ってしまったそうですが、ブラッグの研究の方向付けが、その後、キャベンディッシュ研究所から続々とノーベル賞受賞者の生まれた理由であろうと西澤は言っていました。

　1987年にスイスのIBMチューリヒ研究所の物理学者J.G.ベドノルツ（Bednorz）とK.A.ミュラー（Müller）が「銅酸化物における高温超伝導の発見」でノーベル物理学賞を受賞した際に、西澤は、ブラッグの三原則の第2準則の「流行のテーマを追うな」を、度々指摘しました。日本の多くの研究者が、ノーベル物理学賞の受賞を契機に高温超伝導の研究を開始し始めたからです。高温超伝導の研究の追従に対し、西澤は「研究者としての見識が疑われる」と述べていました。

　既に第2章第1節で説明したように、西澤は、1950年に黄鉄鉱で見出した化学量論的組成の制御の問題や、1953年にSiにⅣ族元素を添加して格子歪みを緩和し、完全結晶を得るという研究を一貫して生涯にわたり続けました。西澤は、決して流行のテーマを追う研究をすることはありませんでした。西澤は、完全結晶の技術こそが、半導体産業の信頼性、再現性および微細化（高密度化）の要因であり、完全結晶の技術に依拠していない現在の高温超伝導の技術や磁性体の技術は、今後の人類を救う基幹技術になるのは困難であろうと言っていました。ブラッグの三原則の第1準則と第2準則は、研究テーマの方向付けに関わるものと言えます。

2) 世界的権威の学説を否定した田舎の若造

　ブラッグの「理論家の結論したことを信じるな」という第3準則に関係する第1の例は、第2章第1節等で説明したように、当時の権威が結論した学説を否定する内容となる「半導体の整流機構について（Ⅰ）」等の論文を1950年に書いたことです。本書では西澤の「準コペルニクス的転回の第1の例」と呼びます。その結果、多数の先輩、偉い学者や先生から「東北の若造が、なにをいうか」「日本の、それも田舎の一研究者がモット（Mott）・ショットキィ（Schottky）の理論にケチをつけるとは、かたはら痛い」と、23歳の学生である西澤は総攻撃を受けました。

　西澤が、当時の権威である学者の学説を否定したことは、ブラッグの三

原則の第1準則の「過去の栄光にとらわれることなかれ」にも繋がることになります。西澤の指摘にもかかわらず、モット・ショットキィの理論は、現在でも半導体物理や半導体工学の教科書に書かれています。

英国のN.F.モットは、1977年にノーベル物理学賞を受賞しています。ドイツのW.ショットキィは、ヨーロッパ大陸北部では最大、かつ最古のロストック大学の教授です。モットとショットキィは、金属と半導体の界面には界面中間層はないとして、中間的絶縁層を介した平板コンデンサの考え方を否定していました。

米国のJ.バーディーン（Bardeen）は、1956年と1972年の2度ノーベル物理学賞を受賞しています。バーディーンは、界面中間層はないが表面準位（界面準位）が存在するという学説でした。しかし、東北大学大学院特別研究生第1期（前期課程）2年の23歳の学生である西澤は、1949年11月の仙台での電気三学会連合大会で、界面中間層となる高比抵抗層（中間的絶縁層）の存在こそ整流特性の正体である、という論文を発表しました[5]。

西澤が東北大教授就任後の最初の著作物（教科書）となる「東北大基礎電子工学入門講座」の『半導体装置』の冒頭部分に、西澤は「モット（N.F.Mott）、ショットキィ（W.Schottky）理論が現われて、一応実験結果を解析するまでになった。しかし、これらの理論を用いて整流器の特性を改善するとか、光電池の特性を制御するとか言ったことは、ほとんどまったく不可能であったと言ってさしつかえなかった」と、記載しています[6]。

残念ながら、西澤の教科書『半導体装置』は、他の教科書には記載されていない独自な説明が多く、他の教科書の内容に慣れてしまっている読者には、難解な記述として受け取られていたのかあまり読まれていません。現在は絶版になっています。

3) ギブスの相律が間違っているのか

1971年に豊橋で開催された国際学会において、理論家ギブスの相律（Gibbs' phase rule）に違反する実験結果を述べたとして西澤が吊るし上げられました[7]。この事件が、「理論家の結論したことを信じるな」という第3準則に関係する第2の例になります。本書では西澤の「準コペルニ

クス的転回の第2の例」と呼びます。西澤の蒸気圧制御温度差液相成長法が正しいのなら、「ギブスの相律が間違っているのか」とも言われました。筆者は、あるイギリス人が「ギブスも間違えたのか」と喜んだ、と西澤から聞いています。

　J.W. ギブス（Gibbs）は、米国イエール大学の教授で今日の化学熱力学の基礎を築き、統計力学の確立にも大きく貢献しています。1901年に最初のノーベル賞の授賞式がおこなわれましたが、創設後間もなくの1903年にギブスは63歳で他界しています。もう少し長生きすれば、確実にノーベル賞を受賞できたと言われています。1876年に発表されたギブスの相律の理論は、オランダの H.W.B. ローゼボーム（Roozeboom）が、1886〜1907年に広範な実験的な証明をしており、確実なものとされていました。

　一方、「蒸気圧制御温度差液相成長法」は、液相成長中に化合物半導体を構成している一方の元素の蒸気圧を印加すると、図6のモデル図で示したような化合物半導体の化学量論的組成を制御できるという西澤の発明です。

　「液相成長」は、液体状態（液相）から結晶を成長させる方法で、「温度差液相成長法」とは、液相の温度勾配（温度差）を用いて結晶を結晶化させ成長させる方法です。化合物半導体は図6のモデル図に例示したように、2種類以上の性質の異なる元素から構成されています。2種類以上の元素の場合、一方の元素の蒸気圧が他方の元素より高いのが普通です。この場合、蒸気圧が高い一方の元素が結晶化の際に抜け出してしまうので、化学量論的組成がずれてしまいます。西澤の発明した「蒸気圧制御温度差液相成長法」は、この温度差液相成長法の際に、化合物半導体の蒸気圧が高い方の元素の圧力を、液相に加えて化合物半導体の化学量論的組成を制御する発明です。

　実際に西澤は、「蒸気圧制御温度差液相成長法」により結晶の完全性を高めて、世界で最高輝度の赤色発光ダイオード（LED）と緑色 LED を実現していました。しかし、理論家ギブスの結論によれば、液体の飽和溶解度は、温度のみに依存し、圧力により変化しないはずです。そのため、蒸気圧制御温度差液相成長法の考え方は、教科書に書かれているギブスの相律の理論に違反しているとして、豊橋の国際学会において、西澤が吊るし

上げられたのでした。

　西澤は、図15に示す天秤炉の実験で、液体の飽和溶解度は温度のみで決まらず、圧力によりごくわずか変化することを確認しました。図15の天秤炉の実験は、1976年の年末から1977年の正月を経て1日も休まず続けられました。1971年の国際学会での事件から5年をかけて西澤が構想を練り上げた結果の天秤炉の実験のスタートでした。

　1971年の12月31日に西澤は、実験担当者に年越し蕎麦を届けています。西澤は、常々「独創研究をする研究者は、わが国の経済を救う研究をしているのだから、正月に休みを取るようでは駄目だ」と言っていましたので、天秤炉の実験の実験を正月返上でおこなったのは、特別ではありませんでした。1月2日には、西澤の自宅に道場生を集めて雑煮を馳走し正月を祝い、西澤の研究論に花を咲かせるのが、毎年の行事でした。そして、正月を1日も休まない天秤炉の実験の結果、従来知られていたギブスの相律の理論は、普遍性を有する一般解ではなく、マクロレベルの特別解であるというデータを取得しました。このデータにより、半導体結晶のミクロなレベルにおける特殊解を含むように、理論家ギブスの理論を拡張する必要があることが示されました。

　すなわち、図15に示す天秤炉により、温度と圧力を独立に制御しても、

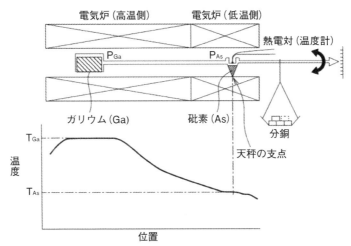

【図15】理論家ギブスの結論を拡張した天秤炉（ブラッグの第3準則に関係する例）

飽和溶解度が圧力により10^{-3}〜10^{-4}変化することを西澤が実験的に確認しました。マクロレベルの実験は、この10^{-3}〜10^{-4}の微小な変化は、誤差として見落とされてしまいます。しかし、飽和溶解度を10^{-3}〜10^{-4}程度のレベルで変化させて制御できることは、半導体素子に関係する結晶成長技術の分野では非常に重要です。

黄鉄鉱の結晶構造では、図6のモデル図を用いて Fe の1に対して S が2.03〜1.94の範囲でばらついて電気的特性が変化することを説明しました。現実の半導体素子においては、化合物半導体を構成している一方の元素が、化学量論的組成となる1：1の条件から10^{-5}〜10^{-6}程度、ごくわずかに変化しても、電気的特性が変わってしまいます。したがって、飽和溶解度が10^{-3}〜10^{-4}程度のレベルで変化することは、化合物半導体の化学量論的組成の制御の議論では非常に重要です。たとえば、LED を構成している化合物半導体の化学量論的組成となる1：1の条件から10^{-5}〜10^{-6}程度ずれていると、発光効率が低下し、LED に入力した電気エネルギーが効率良く光エネルギーに変換されず、世界最高輝度の LED を生むことができません。

教科書に記載されたマクロレベルの実験で裏付けられた理論とは異なり、精密なミクロレベルの実験では、飽和溶解度が圧力によりごくわずか変化することを証明することを目的として、西澤は、特殊な天秤炉を設計しました。しかし、図15に示すような特殊な天秤炉は、どこにもない構造です。

西澤道場では、道場生の全員が電気炉を製造する技術を先輩から引き継いでいました。そのため、電気炉の加熱線が切れたら、ただちに加熱線をまき直して、電気炉を修理する技術を持っていました。また、西澤道場には、図15に示すような特殊な構造であっても、要望した構造のガラス加工ができる技術職人がいました。よって、西澤道場では、どんな特殊な電気炉でも製造できました。「独創研究は実験装置から独創的でなければならない」という所以です。

図15に示す炉は1号炉であり、西澤は、As の蒸気圧が溶液の一方から他方に透過するはずと考え、さらに複雑な2号炉を設計し、印加蒸気圧の溶液透過量も測定しています。

ギブスの相律の理論は、相平衡を律している以下の式（8）〜式（10b）

までの3つの条件が前提になります。相平衡の第1条件として、気相の温度 T^{gas}、液相の温度 T^{liquid}、固相の温度 T^{solid} が熱的に平衡する式（8）が成り立つ必要があります：

$$T^{solid} = T^{liquid} = T^{gas} \qquad\qquad \cdots\cdots(8)$$

さらに、相平衡の第2条件として、気相の圧力 p^{gas} と液相の圧力 p^{liquid} と固相の圧力 p^{solid} が等しいことが必要で、式（9）が成り立つ必要があります：

$$p^{solid} = p^{liquid} = p^{gas} \qquad\qquad \cdots\cdots(9)$$

たとえば、GaAs という2成分系の化合物半導体を考えたとき、相平衡の第3条件として気相の Ga 成分、液相の Ga 成分、固相の Ga 成分の物質移動が釣り合っていることが必要になります。Ga 粒子の移動に関する相平衡の第3条件は、気相の Ga 粒子の移動に関係する化学ポテンシャル μ_{Ga}^{gas}、液相の Ga 粒子の移動に関係する化学ポテンシャル μ_{Ga}^{liquid}、固相の Ga 粒子の移動に関係する化学ポテンシャル μ_{ga}^{solid} が、互いに等しいという式（10a）が成り立つ必要があります：

$$\mu_{Ga}^{solid} = \mu_{Ga}^{liquid} = \mu_{Ga}^{gas} \qquad\qquad \cdots\cdots(10a)$$

GaAs の他方の成分である As 成分についても、相平衡の第3条件が成り立つ必要があります。すなわち、気相の As 成分、液相の As 成分、固相の As 成分の物質移動が釣り合っていることを要求する第3条件は、気相の As 粒子の移動に関係する化学ポテンシャル μ_{As}^{gas}、液相の As 粒子の移動に関係する化学ポテンシャル μ_{As}^{liquid}、固相の As 粒子の移動に関係する化学ポテンシャル μ_{As}^{solid} が互いに等しいという式（10b）で表現できます：

$$\mu_{As}^{solid} = \mu_{As}^{liquid} = \mu_{As}^{gas} \qquad\qquad \cdots\cdots(10b)$$

第4章 道場の理念　79

「化学ポテンシャルμ_i（i = Ga, As）」とは、式（11）に示されるように、空間的に一様な物質系の1つの成分の分量 n が、外界からの出入または化学反応などによって増減するとき、その系のギブスの自由エネルギーGの変化量を定める示強変数をいいます。

$$\mu_i = \left(\frac{\partial G}{\partial n_i}\right) \qquad \cdots\cdots\textbf{(11)}$$

「ギブスの自由エネルギーG」は、一定温度・一定圧力の元で化学変化が起こるとき、異なった系を構成している異なった状態方程式の曲面を繋ぐ橋渡しをするエネルギーです。「示強変数」とは、系の分量 n を変えてもその強度が変わらない状態変数のことで、圧力・温度・化学ポテンシャル・モル分率等が対応します。示強変数に対し、系の分量 n に比例して変化する状態変数のことを「示量変数」といい、体積、質量、モル数、内部エネルギー、エントロピー等が対応します。

化学ポテンシャルμ_iは、純粋力学で定義される位置エネルギーU = mgh における gh や、電磁気学で定義される静電エネルギーU = qΦにおける電位Φに対応するものです。質量 m は gh が小さい方向へ移動し、電荷 q はΦが小さい方向へ移動したように、化学ポテンシャルμ_iは、相や化学種が変化していく傾向を表しています。

化学ポテンシャルμ_iは、式（11）に示すように、単位物質量（1モル当たり、あるいは単位質量当たり）のギブスの自由エネルギーGのことであり、相変化に伴うもの、化学反応変化に伴うもの、あるいは浸透圧に伴う隔壁の両側の濃度差に伴うもの等どのようなものにでも当てはめることができます。式（11）の右辺の分母の n はモル数ですが、粒子論的自然観では粒子の数に対応します。

式（10b）の化学ポテンシャルの平衡の条件において、固相の As 粒子の移動に関係する化学ポテンシャルμ_{As}^{solid}にミクロなレベルにおける化学量論的組成のずれが存在すると、式（12a）に示されるように、気相の As 粒子の移動に関係する化学ポテンシャルμ_{As}^{gas}は、右辺第1項の温度T^{gas}に依存する項f_1（T^{gas}）と右辺第2項の温度T^{gas}と蒸気圧制御の際に印加する As の圧力$P_{As.app}$に依存する項f_2（T^{gas}, $P_{As.app}$）との和で表現で

きます。式（12a）の右辺第2項は、印加するAsの圧力$P_{As,app.}$を用いフェルミ分布関数を仮定すると、式（12b）のように表現できます：

$$\mu_{As}{}^{gas} = f_1(T^{gas}) + f_2(T^{gas},\ P_{As,app.}) \quad \cdots\cdots (12a)$$

$$f_2(T^{gas},\ P_{As,app.}) = kT^{gas}\ln P_{As,app.} \quad \cdots\cdots (12b)$$

化合物半導体の化学量論的組成のずれとは、原子論・分子論の世界のミクロな話です。式（10b）から、液相のAs成分の化学ポテンシャル$\mu_{As}{}^{liquid}$および固相のAs成分の化学ポテンシャル$\mu_{As}{}^{solid}$も式（12a）－（12b）と同様に表現できることがわかります。このとき、式（8）に示す気相の温度T^{gas}、液相の温度T^{liquid}、固相の温度T^{solid}が熱的に平衡している条件から以下の式（13a）－（13b）が導かれます：

$$f_1(T^{solid}) = f_1(T^{liquid}) = f_1(T^{gas}) \quad \cdots\cdots (13a)$$

$$f_2(T^{solid},\ P_{As,app.}) = f_2(T^{liquid},\ P_{As,app.}) = f_2(T^{gas},\ P_{As,app.}) \quad \cdots\cdots (13b)$$

化学量論的組成のずれがある場合に、式（12a）に示す化学ポテンシャル$\mu_{As}{}^{gas}$が、Asの圧力$P_{As,app.}$に依存する項$f_2(T^{gas},\ P_{As,app.})$を含むことは、式（13b）から液相の化学ポテンシャル$\mu_{As}{}^{liquid}$、固相の化学ポテンシャル$\mu_{As}{}^{solid}$についても同様です。したがって、式（12a）、（12b）、（13a）、（13b）は、Asの圧力$P_{As,app.}$を印加することによって、飽和溶解度がごくわずかに変化するという蒸気圧制御温度差液相成長法の原理を説明していることになります。化合物半導体の固相に化学量論的組成のずれを考慮しないマクロなレベルの実験では、式（12a）の右辺第2項は寄与しないので、飽和溶解度は温度のみで決まるという解釈で正しいことになります。

オランダのローゼボームが広範な実験的証明したのにもかかわらず、図15に示すような特殊な実験装置を西澤が自作することにより、10^{-3}～10^{-4}程度の微小なレベルの変化が検出されたのです。すなわち、ミクロなレベルの超精密測定で飽和溶解度の変化を発見したことは、従来のギブス

の相律はマクロなレベルにおける特殊解であったことを示したものでした。そして、図15に示した実験装置とこれによるデータは、化合物半導体に化学量論的組成のずれがある場合は、より普遍性のある一般解の方向へ理論家ギブスの結論を拡張するのに貢献したのです。

西澤の研究は米国マサチューセッツ工科大学（MIT）の H.C. ゲートス（Gatos）教授のグループでトレースされました [8]。さらに、1983年にモルドバの A.I. イバシチェンコ（Ivashenko）が、式（12a）-（12b）と同様な表現を用いた理論解析をしました [9]。

図15に示す天秤を用いた実験、およびその後の西澤の一連の蒸気圧制御による化合物半導体の化学量論的組成の制御に関する研究を、結晶成長国際機構（IOCG）が認めることになり、西澤は1989年に創設された「ローディス賞（Laudise Prize）」の第1回受賞者になりました。

ギブスはノーベル賞を得ることはできませんでしたが、ギブスの相律の理論を化合物半導体の化学量論的組成のずれがある場合まで拡張した西澤の業績は、ノーベル賞に値すると筆者は考えています。ブラッグの三原則の第3準則という意味では、西澤は、理論家ギブスの相律を否定したのではなく、より深く検討して、理論家の結論したことを一般解に向けて拡張したのでした。

豊橋の国際学会の発表で、西澤の研究は教科書に書いてある内容とは異なるとして否定されました。そして、未だに「ギブスの相律が正しく西澤の方が間違っている」という人が少なからずいますが、独創研究の必然かと思われます。ブラッグの三原則の第3準則は、理論家ギブスの結論の一般化への拡張という西澤の業績の意味を理解することを求めています。

4）ショックレイ理論の間違いを指摘

「理論家の結論したことを信じるな」という第3準則に関係する第3の例は、図16に示すような電界効果トランジスター（FET）の動作説明の理論の間違いを西澤が指摘したことです。本書では西澤の「準コペルニクス的転回の第3の例」と呼びます。

半導体は、その中に含まれる不純物元素の違いにより「p 型」と「n 型」に分かれます。ポジティブを表す「p 型」とネガティブを表す「n 型」では、

電流の流れ方が反対になります。n型の半導体では電流を構成する主な粒子は電子ですが、p型の半導体では電流を構成する主な粒子は正孔（ホール）と呼ばれる電子の抜け殻です。電子と正孔は「キャリア」と呼ばれます。

図16で上付き文字で「+」が付されている領域は、不純物元素が高濃度に添加されている領域を意味します。図16の左側のn$^+$半導体層からなるソース領域と、右側のn$^+$半導体層からなるドレイン領域の間に、n型の半導体層からなるチャネル領域（電子が流れる領域）が設けられ、チャネル領域上下にp$^+$半導体層からなるゲート領域が配置された鳥瞰図でFETの構造をモデル化しています。p$^+$半導体層とn型の半導体層とが接合されたp-n接合において、p$^+$半導体層に負の電圧を印加すると、「空乏層」と呼ばれる絶縁物に近い領域が負電圧の絶対値の増大と共に伸びます。

図16に示すFETは、ドレイン領域にソース領域に対して正となるドレイン電圧V_dを印加すると、ドレイン領域からソース領域へドレイン電流I_dが流れます。このとき、ドレイン電流I_dは、ゲート領域に印加する負の電圧V_gの大きさをパラメータとして変化させることによって、図17にあるような真空管の五極管が示すV_d-I_d特性が得られます。

FETの動作機構の理論は、1956年のノーベル物理学賞を受賞したW.B.ショックレイ（Shockley）が提示しました。ショックレイは、FETのV_d-I_d特性が、図17に示すように、ドレイン電圧V_dがある値以上になると、ほぼ一定に近いドレイン電流I_dになってしまい真空管の五極管の特性のように飽和するのは、図16のモデル図において空乏層と空乏層が

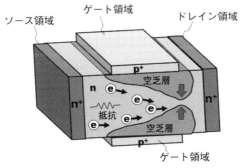

【図16】FETの動作を説明するモデル図（ブラッグの第3準則に関係する例）

互いに接して電流の通路（チャネル）がピンチオフ（pinch-off）するからであると説明しました。

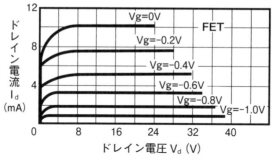

【図17】FETの五極管型 V_d-I_d 特性の例

　図16のモデルでは、上側の空乏層は、負電圧の絶対値の増大に伴い下側に伸び、下側の空乏層は、負電圧の絶対値の増大に伴い上側に伸び、下側の空乏層の先端が上側の空乏層の先端に接近します。空乏層には、自由に動き回れるキャリアがありません。ピンチオフとは、空乏層の先端同士が接してチャネルを「締め付ける」や「括れきる」のような意味です。

　もともと真空管の研究をしていた西澤は、プラズマではピンチオフすると電流が流れなくなるので、ショックレイのFETの動作説明の理論が間違っていることにすぐに気がつきました。実は、ショックレイは自身が講義中に、自分の理論の間違いに気がつき、そこから話せなくなった事件があると、筆者は西澤から聞いています。

　図16のモデル図で絶縁物に近い空乏層と空乏層が互いに接しても、実はチャネルはピンチオフしていません。チャネルがピンチオフするかどうかは、後述するSITの説明で用いる図19に示したような空乏層の内部の電位（ポテンシャル）の分布を考える必要があります。ギブスの相律のところで化学ポテンシャルを説明しましたが、水が谷を流れるように、電子に対するポテンシャルが低い谷に沿って電子は流れます。

　図16に示した上側の空乏層と下側の空乏層のそれぞれの先端側は、電子を流れにくくするポテンシャルの高さが低い領域になっています。したがって、上側の空乏層と下側の空乏層が次第に接近し、互いに接するこ

とになっても、図19に示すようにそれぞれの空乏層の先端側が接した部分にポテンシャルの高さが低い谷が形成されます。図16で上側の空乏層と下側の空乏層が互いに接する中央がポテンシャルの谷の位置になるので、空乏層と空乏層が互いに接してもドレイン電流 I_d は、ポテンシャルの谷に沿って流れることができます。

図17では、上側と下側のゲート領域に印加する負電圧 V_g の値の絶対値を、$V_g = 0\,V \rightarrow V_g = -0.2V \rightarrow V_g = -0.4V \rightarrow V_g = -0.6V \rightarrow$ ……と次第に高くすると、ポテンシャルの谷の底の高さが次第に高くなり、ドレイン電流 I_d が次第に減少する V_d - I_d 特性を示しています。図17の例では、$V_g = -1.0V$ でほとんどドレイン電流 I_d が流れない V_d-I_d 特性になっています。

西澤は、FET の V_d - I_d 特性が、飽和するのは、空乏層同士が互いにピンチオフするからではなく、チャネルの抵抗による負帰還効果が、ドレイン電流 I_d を一定値にするように制御しているからであると気がつき、世界最大の学会である米国電気電子学会（IEEE）に投稿しました[10]。ノーベル物理学賞を受賞したショックレイの理論が間違っていることを指摘した西澤の論文は、査読者が1年以上留め置き発表しませんでした。1962年頃、光を用いたエピタキシャル成長を論文で査読者に掲載拒否の苦汁を飲まされた経験のある西澤は IEEE の編集長に直訴して、やっとショックレイ理論を否定する論文が発表になりました。

FET の V_d - I_d 特性が飽和するのは、チャネルの抵抗による負帰還効果であることを証明するために、西澤は、チャネルの抵抗が小さい静電誘導トランジスター（SIT）を、世界水準からしたら一番悪い研究環境の研究所で試作しました。西澤が試作した SIT は、図18に示すように、V_d - I_d 特性が飽和しない真空管の三極管型の特性になります。

そして、図18に例示したような三極管型 V_d - I_d 特性の SIT のソース領域側に、抵抗を外付けした回路で測定をすることにより、チャネル抵抗が高いと、V_d-I_d 特性が飽和して五極管型の特性になることを西澤は証明しました。

チャネル抵抗の小さな SIT では電流の通路は短く、図19に示す鞍部点（saddle point）の高さが電子の流れに対する電位障壁になります。図19の矢印の方向が電子の流れの方向です。鞍部点（鞍点）は、図19に示す

ように、手前側のソース領域から奥の方のドレイン領域に向かう方向で見れば極大値ですが、左右両側にゲート領域と示したソース領域からドレイン領域に向かう方向に直交する方向で見れば極小値となる、数学における多変数実関数の変域の中の点です。

図19において、ソース領域からドレイン領域に向かう方向に直交する方向となる、互いに対向する2つのゲート領域間の方向にポテンシャルの極小値が定義されます。図19と異なりFETでは、2つのゲート領域の間に、U字型の雨樋のような長い通路となるポテンシャルの谷間が形成されます。FETでは電子が雨樋のような長い通路を流れるのでチャネル抵抗は大きくなります。SITでは、鞍部点の高さをゲート領域に印加するゲート電圧 V_g により制御して、図19に示すようにドレイン電流 I_d が飽和しない三極管と同様な $V_d - I_d$ 特性になります。

西澤は「SITと言う名称を付してしまったが、本来は図18に示す三極管型 $V_d - I_d$ 特性を示すトランジスターこそFETの名にふさわしく、図17に示すような五極管型 $V_d - I_d$ 特性を示すトランジスターは、本来のFETのチャネル抵抗が大きな特別な場合と考えるべきである」とも言っていました。

西澤が、ショックレイのFETの動作説明の理論が間違っていることを指摘したのにもかかわらず、現在でもチャネルの抵抗による負帰還制御がドレイン電流 I_d を飽和させる原因であると説明している半導体関係の教

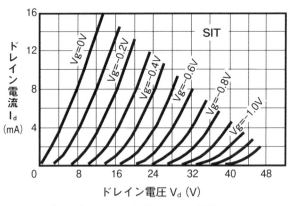

【図18】SITの三極管型 V_d-I_d 特性の例

科書は、ほとんどありません。「理論家の結論したことを信じるな」という準則を受け入れるのは、大変に困難なことのようです。

西澤は「調べてみると、教科書にはたくさん間違ったことが書かれている」と常々言っておりました。ショックレイのFETのV_d-I_d特性が飽和するのは、チャネルがピンチオフからという動作説明の理論は、依然として現在も多くの半導体関係の教科書に記載されており、大学の半導体工学の授業等でも依然として教えられています。

第3節　何ごともオールマイティたれ

1) 独創研究の秘訣

自分が過去に研究していた狭い視野に限定される「専門馬鹿」の研究は、改良研究にならざるを得ない傾向にあり、独創研究が生み出せない環境を育てることになります。図20に示したような、物理、化学および生物学にわたる広い研究領域を対象とする研究の志向の姿勢こそが、西澤の独創研究の秘訣と思われます。ブラッグの三原則の第1準則は、観点を変えますと「過去の経験や教育にとらわれず、不慣れな未知の領域に挑戦せよ」と読み替えることができると思います。また、「この分野は、未だ経験がないから研究できないというのは言い訳だ」と言い換えることができると思います。

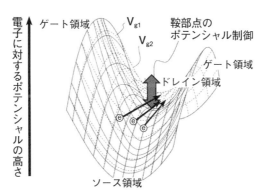

【図19】SITでは鞍部点のポテンシャルの高さをゲート電圧V_gで制御する

若い学生に「どんな分野であろうと、1年間必死に勉強すれば専門家になれる」と指導していましたが、この西澤の言葉は非常に重いのです。22歳の西澤が、1949年の3～4月頃、渡辺先生から半導体の研究を指示された約7～8月後の11月には、欧米の権威の論文を否定する論文を書いています。未知の領域に挑戦して、1年以内に、専門家のトップにまで上り詰め、世界でもっとも半導体物理が理解できる研究者になってしまっています。

　そして、上述のように、「勉強」とは、権威者の書いた本を読むことではなく、自然界が与えた実験結果を自分の頭の中に構成したジャングルジムで、多次元の視野から論理的に検討することでした。

　西澤は、しばしば「半導体集積回路とは、すべての技術の集積である」と言っていました。そして、半導体工学だけでなく、化学や機械工学の博士号も道場生の中から誕生させる予定であるとも言っていました。科学技術が分業化、細分化、専門化された現代において、図20に示したような物理、化学、生物にわたる広い範囲を、1人の研究者が対象としたことは驚異ではあります。しかし、逆に、広い範囲の情報が西澤の脳内で結合してジャングルジムを構成したことが、西澤の独創研究を生んだとも解釈できます。

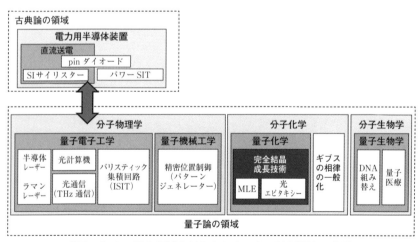

【図20】広い研究領域を対象としたことが独創研究の秘訣

2）電磁波の暗黒地帯を開拓したテラヘルツ将軍

　西澤は「ミスター半導体」や「光通信の三要素の発明者」と呼ばれますが、「テラヘルツ将軍」の名もあります[11]。たとえば、2022年6月17日にNHKが放映した「漫画家イエナガの複雑社会を超定義6G通信まであと10年なの⁉の巻」では、テラヘルツ技術の発展を示す系統図の源に西澤が位置する図が示されました。電磁波の波長の観点からは、「ミスター半導体」に対応する多くの半導体素子の周波数領域と、光通信の周波数領域は、テラヘルツの周波数領域を介して繋がっています。

　「テラ」はギリシャ語に由来していますが、「テラヘルツ」とは10^{12}Hzを意味し、電磁波の波長にすると0.3mmになります。本来は1THz〜1,000THz（＝1PHz）までをテラヘルツ帯と呼ぶべきですが、明確な定義はないようで、0.1THz〜100THzの帯域がテラヘルツ帯と呼ばれることもあり、実用上は、0.1THz〜30THz程度の領域がテラヘルツ帯と呼ばれることが多いのです。

　松前重義先生（元東海大学長）が「周波数は財産なり」と言われましたが、テラヘルツ帯の増幅発振素子の開発はもっとも遅れ、テラヘルツ帯は「電磁波の暗黒地帯」と呼ばれていました。しかし、西澤が暗黒地帯への先陣を切りました。テラヘルツ帯の領域は、量子論と古典論の境界に位置していることが、暗黒地帯と呼ばれた理由の1つと思われます。この点で、松尾義之が、「なぜ、これだけたくさんのアイデアを生み出せたのですか？」と質問したところ、西澤は「たぶんそれは、他の人より量子力学の本質をつかんでいましたからでしょうね」と、答えている事実に着目したいと思います[12]。

　西澤は、量子力学的な観点と分子論・原子論の立場から自然現象を見ており、結晶の格子運動に着目していました。西澤の分子論・原子論の立場は、西澤が当初から完全結晶を研究の対象に選んでいることからもわかります。前述した図20からわかるように、西澤の独創研究の3つの潮流を構成する分子物理学、分子化学および分子生物学は、それぞれ量子論を介して互いに連携しています。

　テラヘルツ帯が「電磁波の暗黒地帯」と呼ばれた他の理由の1つは、図21に示すように、テラヘルツ帯は、黒体輻射による熱線の支配する遠赤

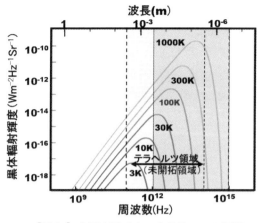

【図21】人類未到であったテラヘルツ領域

外線の領域であり、地球の表面には遠赤外線があふれています。図21で3K、10K、30K、100K、300K、1000Kと付した複数の曲線（上に凸の曲線）は、それぞれある温度における物体の出す放射の放射強度（輝度）の周波数分布（波長分布）を示しています。テラヘルツ帯の電磁波を背景の遠赤外線から分離して信号として用いるためには、低温に冷却して背景の遠赤外線を消す等の工夫が必要になってくるからです。図21から地球の地表温度を300Kとすると、波長約10μm（＝30THz）にピークを有するエネルギーが、つねに地球から放射しているので、微弱な電磁波であるテラヘルツ帯の研究の邪魔になることがわかります。

　1938年にG.M.ダイソン（Dyson）が、鼻は分光器のように機能しているという仮説を発表し[13]、1991年にB.リンダ（Linda）とR.アクセル（Axel）は、人間の鼻に1,000個の嗅覚受容体があることを発見しています[14]。人間の五感に関する研究で、嗅覚の分野の研究がもっとも遅れているのも、テラヘルツ帯の現象が含まれているからかもしれません。リンダとアクセルは、2004年のノーベル生理学・医学賞を受賞しています。筆者が「今後は嗅覚の分野でテラヘルツの技術が重要になると思います」と愚見を申しあげたら、西澤は、ただちに「分子運動だろう」と答えました。

3) モレクトロニックスの真の開祖は西澤

1961年に西澤が光のエネルギーを利用したエピタキシャル成長技術を提唱したことは、既に述べましたが、この提唱で金属学会誌に「モレクトロニックス（Molectronics Program）」というタイトルを西澤は付けています。Molectronics は、「モレキュラーエレクトロニクス（molecular electronics）」を略した言葉であり、「分子エレクトロニクス」という意味になり、西澤の分子論・原子論の立場に繋がります。1961年の金属学会誌では、「モレクトロニックスという言葉は小型化の一方式を意味する」と西澤は説明しています。

IBM では、沃化物を用いていたが、沃化物の代わりに光にし、遮光マスクを用いて光の当たったところだけ選択的に光反応を促進させる技術に展開できる旨を指摘し、その後の西澤の光エピタキシーの研究の端緒となる示唆をしています。そして、西澤は、光のエネルギーで分子が結晶表面で表面泳動等の表面反応をし、光のエネルギーで特定の格子サイトへ分子が吸着反応し、結晶表面から分子が離脱反応する等の分子の運動に着目するようになっていきます。すなわち、西澤は、光励起による結晶成長を分子論的に説明する方向に研究を展開していくことになるのです[15]。

1961年の金属学会誌での示唆を端緒とする西澤の光化学や光触媒の研究は、結晶表面における分子の量子論的振る舞いに関係するものです。光のエネルギーで、結晶表面における分子の運動を促進して結晶成長できるという光エピタキシー等の西澤の光触媒の研究は、ノーベル化学賞の受賞に値する研究です。

分子エレクトロニクスの概念は、イギリス王立レーダー研究所の G. ダマー（Dummer）が1952年に米国電子部品シンポジウムで、レーダーの部品の信頼性に関しマイクロエレクトロニクスのアイデアを説明したのを端緒とする説もありますが、ダマーは、かならずしも分子そのものの性質を利用するとの説明はしていないようです。

1957年にソビエト連邦がスプートニク1号の打ち上げに成功すると、アメリカ空軍がウエスチングハウスと「モレキュラーエレクトロニクス機能ブロック（Molecular Electronics Function Block）計画」を推進し、「モレクトロニックス」の語が使われました。電子機能ブロックを固体の分子

領域を利用使用とする発想ですが、200万ドルの研究費が投じられたにもかかわらず、まったく成果を上げることなく終わったようです。

サントラが発明した ALE は化合物半導体に関するものでした[16]。1960年代から分子の化学吸着等の挙動に着目して継続していた西澤のモレクトロニックスの研究の系譜において、物理吸着の考え方である ALE の特殊解を、完全結晶成長技術という化学吸着を用いた一般解にまで展開したのが PMLE です。西澤は現在の集積回路技術の主流である元素半導体 Si の半導体製造技術としても PMLE を開発して一般解化しました。PMLE は縦方向の微細化しかできないと考えている人もいるかもしれません。しかし、垂直側壁への多層 PMLE という手法を使えば、平面方向に関しても分子層単位の微細な寸法を有する半導体素子の製造に適用することが可能になります。1960年代に挫折したモレクトロニックスは、PMLE の手法を活用することにより新たなジェネリック・テクノロジーとして復活する可能性があります。

4) 量子力学の検証

図20の研究領域図の中央に量子機械工学として記載されている精密位置制御の研究は、半導体集積回路の微細なパターンを描画する「パターンジェネレーター」のステージ移動の位置制御の研究です。

精密位置制御の研究は、西澤の機械工学の分野の研究をしていたことを示します。このパターンジェネレーターは、筆となる光のビームの位置を固定し、紙となる半導体ウェハーを搭載したステージの方を移動させて、半導体ウェハーの上に半導体集積回路の微細なパターンを描画する方式です。このとき、半導体ウェハーを搭載したステージを磁気浮上させて、ステージ移動の駆動系に摩擦をなくし、機械工学の常識を破る 1/10000mm 以下の超微細な位置移動の制御を可能にしました。この超微細な精密位置制御の技術は、原理的には、1927年にハイゼンベルクが提唱した量子力学における不確定性原理の検証が可能なレベルの超微細な寸法の制御になるので、量子機械工学に重要な装置です。

5）テラヘルツ波が量子医学への扉を開ける

　図20の研究領域図の左端のセルの半導体レーザーの下にラマンレーザーと表記されています。このラマンレーザーという半導体装置から出射されるテラヘルツ波を、細胞やDNAの分子運動との共振の励起に適用するという、テラヘルツ波の応用研究が量子医学です。晩年の西澤は、遺伝子組み換えやDNA配列の制御や癌の治療等の量子医学、ウイルスの撃退に関する研究にも着手したのです。

　西澤は、量子論的効果を覆い隠している半導体結晶の格子振動に着目してラマンレーザーを発明しました。ラマンレーザーの効率を向上させることは、西澤のライフワークである完全結晶の研究に繋がります。ラマンレーザーは1次光源が必要ですが、西澤は1次光源を用いないで、直流励起でテラヘルツ波を発生することも考えておりましたが、未だ実現されていません。電子と結晶格子の量子論的相互作用を直流で励起することを考えていたのでした。現在、未完の直流励起によるテラヘルツ波の発生には、さらなる完全結晶の研究が必要になります。テラヘルツ波の応用研究になる分子生物学は、図20の研究領域図の右側のセルとして示しています。

　2006年6月に当時の小泉純一郎内閣総理大臣宛に西澤は、「エネルギー・環境と人類の未来／日本の脱石油戦略を考える、高圧直流送電」の提言をしています。この提言の最後には、ウイルスが変異を生じやすいことを指摘しています。そして、共鳴振動を利用した技術によれば、ウイルスが変異しても、変異したウイルスの共振周波に西澤のテラヘルツ波を追従させ、変異したウイルスを破壊できるので、極めて短時間でウイルスの変異に対策できる旨の記載をしています。

　変異ウイルスは、それぞれ固有の分子構造を有しています。それゆえに、それぞれの変異ウイルスは、自己の固有の分子構造に依拠した固有振動数 ω_{target} の振動数を持っているはずです。図22に示すように、同じ固有振動数 ω_{target} を持つ共鳴箱付き音叉を2つ用意して、左側の音叉を鳴らせば、右側の音叉も鳴り始めます。叩かれた左側の音叉が、音叉の下にある共鳴箱を揺らし、音波が空気を伝わって右側の音叉の共鳴箱を揺らします。右側の共鳴箱を揺らすと、共鳴箱の上にある右側の音叉を鳴らします。両方の音叉の固有振動数が違う場合には共鳴（共振）は起こりません。

第4章　道場の理念　93

2006年に西澤が提言したのは、図22の音波の代わりに、テラヘルツ波という電磁波を用いて分子レベルでの共振をさせるものです。現在は、ウイルスと人間の細胞との結合（ドッキング）の説明にブラックボックス的な「親和力」という言葉が用いられていますが、親和力は、量子論で説明できるはずです。このように、テラヘルツ波の技術を用いた医学時代が到来すると、西澤は2006年の提言で述べています。

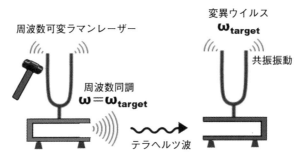

【図22】変異ウイルスの対策に使えるテラヘルツ波の共鳴振動技術

6) 量子力学への理解が独創研究を生む

　図23の水の例では、圧力および温度という形態化のパラメータにより、氷（固体）、水（液体）および水蒸気（気体）という3つの形態になります。私たちは、3つの形態を異なった物理現象としてマクロなレベルで観測することになります。

　一見複雑な3つのマクロなレベルの物理現象は H_2O という分子構造からとらえれば、同一性を有した単純化された視点に集約されます。図23において、氷を物理学、水を化学、水蒸気を生物学に置き換えますと、私たちは、3つの学問領域を異なった自然科学の領域であるようにマクロなレベルでは認識します。しかし、分子レベルの量子力学的理解から検討すると、マクロなレベルの物理学、化学、生物学が、ミクロなレベルで同一性を有し、単純化された視点に集約されることになります。西澤は、常に分子レベルの視点から自然現象をとらえる思考をしていたので、図20に示すような広い研究領域を包括的に検討できたと思われます。

　図20の左側の直流送電技術の下に量子電子工学が示されています。こ

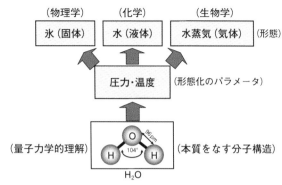

【図23】量子力学の理解が広い分野での独創研究を生む

の量子電子工学のセルの右端に記載したバリスティック集積回路は、バリスティック（弾道）トランジスターで構成された集積回路です。「バリスティックトランジスター」とは、弾道ミサイルのように結晶格子に衝突しないで電子が進む、分子レベルまで微細化されたトランジスターです。「バリスティック集積回路」は、量子論で設計される集積回路です。

筆者は、理想型 SIT（ISIT）というバリスティックトランジスターの研究で、「古典論での設計は間違っている。量子論で設計しろ！」と、西澤から雷を落とされた経験があります。西澤は、つねに半導体中の電子の動きを量子論まで含めて考慮していたのです[17]。

1957年の西澤の半導体レーザーの発明を経て、1960年の T.H. メイマン（Maiman）のルビーレーザーの実現により、「量子エレクトロニクス」という言葉が使われるようになりました。しかし、その前に、西澤が1949年から半導体中の電子の動きを量子論まで含めて検討しており、量子エレクトロスの考え方が西澤の頭の中に既にあったとすれば、西澤の1957年の半導体レーザーの発明は偶然ではないのです。

図20の研究領域図のモデル的表現では省略されていますが、トンネル効果を用いて電子を注入するタンネット（TUNNETT）ダイオードは、西澤が1958年に発明し1968年に実現されました[18]。TUNNETT ダイオードも量子論で設計する必要があるテラヘルツ素子です。現在、市場に出ている多くの半導体装置や半導体集積回路は、電子が結晶格子に何度も衝突して、全体として一定方向に輸送される現象を生じさせる基本寸法

第4章 道場の理念　95

を有しているため、量子論の効果は遮蔽されてしまっています。今後、微細化が進む半導体集積回路は、電子がバリスティックな動きをするテラヘルツ素子になっていく運命にあり、種々のテラヘルツ素子は、量子論での設計が求められます。FET は SIT にチャネル抵抗を付加したものであることを説明しました。抵抗とは電子が結晶格子に衝突する古典論的効果です。トランジスターの寸法が微細化され、量子論的効果が顕在化するバリスティックの動作になってくると、当然に SIT の動作になることに気がつく必要があります。

第4節　独創研究は失敗してはならない

1）西澤三原則

　ブラッグの三原則は、研究テーマの選び方に関するものであり、研究開始前の指針になると考えられます。西澤の研究室の壁には、西澤の自筆による図24に示すような「西澤三原則」が掲げられていました。

　西澤三原則の第1準則の「未だやられていない事でなければならない」も、ブラッグの三原則と同様に研究テーマの選び方の指針であると思います。旧アベノミクスの第3の矢としての「民間投資を喚起する成長戦略」のエンジンの出力が足らず、わが国の経済が停滞しています。思うに、「未だやられていない事」とは、ジェネリック・テクノロジー（基盤技術）となるような独創研究でなければならないという意味で、イノベーションがジェネリック・テクノロジーを育てることの必要性を教示していると考えます。

　先に述べた NHK の「漫画家イエナガの複雑社会を超定義6Ｇ通信まであと10年なの⁉の巻」で示された系統図は、西澤がジェネリック・テクノロジーとしてテラヘルツ技術を生み出したことを示しています。特許庁の「半導体レーザーの技術表示マップ」の系統図の先頭には、西澤の特公昭35-13787（特許第273217号）の四角形が示され、次にドイツのジーメンス、その次に米国ベル研究所の四角形がそれぞれ示されています。

　そして、「1957年に半導体レーザーに関する世界最初の発明が日本人の手により出願されたことは特筆すべきことである。その1年後にドイツ、

3年後に米国から同様な出願が続いた」と解説されています。特許庁の技術表示マップは、西澤が半導体レーザーというジェネリック・テクノロジーを提案したことを示してはいますが、その後の開発は米国に先を越されています。

　テラヘルツ技術の研究開発は、半導体レーザーの開発の敗者復活戦でした。後に特許第273217号となる特許の出願後、企業を回り半導体レーザーの研究資金の提供を要請したものの「できるかできないかわからないものに金を出せない」と、断られています。西澤が電電公社通研を訪問したとき、電電公社の中で格別強い反対をしなかった水島宜彦は、1962年にGE社のR.N. ホール（Hall）が半導体レーザーの発振に成功したとの発表[19]があった後、西澤に丁重な詫びの手紙を送って来たと西澤から聞いています。

　水島は、1972年には「半導体ラマン効果による長波長レーザーの研究」の委託研究費を西澤に供出しています。この委託研究費を基礎とする学位論文のテーマを西澤先生から頂いたのが著者です。R.N. ホールに先を超された西澤は、敗者復活戦として、量子論の適用をさらに低周波側に拡張して、テラヘルツ帯での発振素子の実現に向かったのでした。

　すなわち、西澤三原則の第1準則は、仮に新規であったとしても、既に研究者が研究している分野の改良研究を意味していないはずです。誰かが

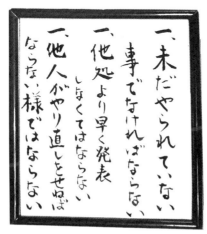

【図24】西澤三原則

第4章　道場の理念　97

やって可能なことがわかった技術分野の研究では、改良研究の方向になり、企業同士がクロスライセンスを結ぶことになります。技術とは、複数の技術要素の組み合わせです。一部の技術要素の改良研究を互いにクロスライセンスすることの多用が、国際的な競争優位性を確立できなくし、わが国の半導体産業の凋落に結びついていると考えます。

わが国の半導体企業は、J.B. バーニーが提唱した VRIO 分析の価値、稀少性および模倣困難性について無頓着で、価値や稀少性のある独創研究に投資し、競争優位性を確立する姿勢がありませんでした。企業同士がクロスライセンスを結ぶことは、企業同士が仲良しになることであり、VRIOの模倣困難性に役立つ強固な特許権にはできません。強固な特許権は、第1準則が規定する独創研究が生むパイオニア発明によって可能になるはずです。

西澤三原則の第2準則が説示する「他処より早く発表しなくてはならない」は、研究の発表の仕方に関するもので、第3準則の「他人がやり直しをせねばならない様ではならない」は、研究の仕方に関するものと言えると思います。したがって、第2準則と第3準則は研究を開始した以降の段階の指導指針になるかと思います。

日本科学技術情報センター（JICST）の小林和雄は、「西澤三原則は、それぞれ新規性、速報性、精度である」と述べています[20]。西澤は「二番煎じではいけないが、未だやられていないことは怖いので慎重に調べる必要がある」と第1準則の新規性（独創性）と第3準則の精度を関連付けていました。そして、「いよいよこれで間違いがないということになったら、勇敢に発表しなくてはならない」と、三原則の第2準則の速報性と第3準則の精度を関連付けて指導しました。

2) 時間は戻らない

西澤三原則の第2準則の速報性に関しては、図15に示した天秤炉の実験が、1976年の年末から1977年の正月にかけての年末年始を1日も休まず続けられた例が挙げられます。1985年3月の NHK 特集の中で、筆者は「一刻も早くだせ！」と叱責を受けています。あるとき、西澤に「頑張って遅れを取り戻します」と筆者が述べたら、「馬鹿野郎、時間は元に戻らない！」

と叱られました。なお、西澤の車の運転に関しては、仙台市内や東北大学のキャンパス内でのスピード狂は有名で、あるとき、片平キャンパスにある別の研究所の技官が「教授といえども、あの乱暴な運転は許せない」と、電気通信研究所にある西澤の研究室に怒鳴り込んできた事件がありました。

3）失敗するくらいなら寝ていた方がまし

多くの指導者は、「失敗を恐れずに研究せよ」と言います。しかし、西澤三原則の第1準則が要求する独創研究と第3準則との関連から、西澤は、「失敗をしてはならない。失敗するくらいなら寝ていた方がましだ！」と指導しました。研究する前に、頭の中のジャングルジムで十分検討し、不明な事項があれば、予備実験で確認して、慎重に進めという研究経営の指導です。

「日本では独創の失敗に対して寛容ではない。失敗すればたちまち沈没するから、はじめから独創開発をするのは自殺行為である」と述べています[21]。「失敗を恐れずに研究せよ」と言えるのは、独創研究ではない改良研究の場合に言える安易な指導者の考えと思います。未だ世の中に存在しない「半導体レーザー」の開発資金を求めて、西澤が企業を回ったときの西澤の覚悟が、第3準則に現れていると考えます。

しかし、西澤の「失敗」は研究の方向性の失敗であって、正しい方向に向かっている研究において、必要な条件を出す実験の試行は含まれていません。「もう1万回は失敗しているので電球の発明から手をひいてはどうか」というアドバイスに対して、エジソンは、「私は失敗を1度もしていない。1万回も『このやり方ではうまくいかない』という発見を得たのだから（I have not failed. I've just found 10,000 ways that won't work）」と答えたと伝えられている発言と同じと思われます[22]。

ただし、正しい方向に向かった実験であっても、明らかに無駄な実験は、「失敗するくらいなら寝ていた方がましだ！」と叱られます。これは、「金のないところでモノを造って見せることが、学生には一番大切な教育である」との指摘に繋がっており、さらに西澤の「無駄な金を使ってはいけない」という研究経営戦略による指導に繋がっています。

4）不屈かつ多数の試行錯誤

　「未だやられていない事」に挑戦する独創研究には、不屈の精神で続けられる多数の試行錯誤が必要です。西澤の「小さく造れ」という研究経営戦略は、多数の試行錯誤の実験を、より少ない費用で繰り返すための独創研究の指導原則になっていました。1976年頃、西澤は、極超短波（UHF）パワー SIT で折り畳み式の携帯用電子レンジを実現しようとしていました。「UHF パワー SIT」は、UHF 帯で動作する電力用（パワー）SIT です。

　「UHF 帯」は、300MHz から3GHz（波長1m 〜 10cm）の電磁波で、その上の3GHz から30GHz（波長10cm 〜 1cm）の電磁波は「マイクロ波」と呼ばれます。なお、300MHz から30GHz（波長 1m 〜 1cm）程度の電磁波を「マイクロ波」と呼ぶことがあり、この場合は、マイクロ波パワーSIT ということになります。マイクロ波より上の30GHz 〜 300GHz（波長 1cm 〜 1mm）は「ミリ波」と呼ばれます。

　現在の電子レンジは、水の吸収帯である2.45GHz の電磁波を用いています。高出力が必要な電子レンジには半導体素子ではなく、真空管のマグネトロンが現在使われています。UHF 帯において半導体で高出力を出すのは非常に難しいことです。既に、表面ゲート型 SIT によって、VHF 帯の100MHz で100 W の出力を1976年に達成しましたが、UHF 帯の2.45GHz で高出力を出すためには、切り込みゲート型という特殊な構造のパワーSIT の試作が必要でした。

　30MHz から300MHz（波長1m 〜 10cm）の電磁波は、超短波（VHF）と呼ばれます。この切り込みゲート型 SIT は2000年に2.45GHz で36W の出力を達成するまでになりましたが[23]、36W の出力を達成するまでに数百回の試作をしていますが、プロセス技術上の問題があり、未だ西澤の理想とした切り込みゲート型の構造には到達しておりません。数百回の試作は、西澤サイズ（10mm × 10mm）の小さな Si チップを用いていたから可能でした。あきらめず粘り強く、「条件を出す実験」を、ランニングコストを極限まで下げておこなえという西澤の研究経営戦略による指導でした。

　なお、西澤は UHF パワー SIT を用いた「折り畳み式電子レンジ」の特許出願をしています（特願昭52-115266）。この特許出願は、特許庁より拒絶理由通知を受け、西澤は、実用新案登録出願（実願58-134978）に変更

しましたが、特許庁は変更した実用新案登録出願に対して拒絶査定の謄本を送達しました。拒絶査定に対し西澤は、拒絶査定不服審判を請求して争いましたが、特許庁審判部は登録を認めない審決を出しましたので、西澤は、東京高裁に審決取消訴訟をしました。審決取消訴訟で東京高裁は西澤の実用新案登録出願を特許庁の審判に差し戻しました（東京高裁 昭62（行ケ）22号）。

　しかし、特許庁審判部は、電子レンジの筐体に電磁波漏洩防止装置がないので未完成考案（未完成発明）であるという判断をし、差し戻しの拒絶査定不服の審判請求は不成立となりました。そのため、西澤は再度、特許庁の審決を不服とし、審決取消訴訟を争いましたが東京高裁で敗訴しています（東京高裁 平2（行ケ）54号）。東京高裁での敗訴後、西澤は、最高裁に上告しましたが（平03（行ツ）15号）が、上告は棄却されています。

第5節　独創研究の系譜

1）それなら別の研究室へ行け

　東北大学大学院研究室の配属を決める面接で、筆者が「半導体レーザーの研究をしたいので西澤研究室を希望します」と述べたら、面接担当の複数の教授が「それならうちに来なさい」と互いに言い争いを始めてしまいました。やっとのことで西澤研究室の配属が決まり西澤に面会したとき、「半導体レーザーの発明者である西澤先生の下で研究したいので、西澤研究室に来ました」と言いましたところ、「それなら別の研究室に行け！」という言葉が返ってきました。

　あわてて「先生の独創研究に対する姿勢と、指導の厳しさに憧れてきました」と言い返したところ、「それを後で言うようでは駄目だ！」と叱られたのを覚えています。この例は、西澤が、独創研究の指導の系譜を極めて大切にしていたことを示すものです。

　湯川秀樹博士を1933年に大阪帝国大学に呼び寄せたのは、理学部物理学科の初代主任教授八木秀次先生です。論文が出ない湯川を、八木は、廊下を隔てた隣の部屋の浅田常三郎教授（当時助教授）まで聞こえる位の大声ではげしく叱責したそうです。この叱責によりノイローゼに陥りな

がら半年後に提出したのが、湯川がノーベル物理学賞を受賞した論文になります[24]。

八木の独創研究者を育てる指導の系譜は、弟子の渡辺寧に伝えられます。渡辺教授は、モット、ショットキィら当時の権威の学説を否定する西澤の論文提出を許しませんでしたが、西澤に p-i-n ダイオードの特許を出願することを許しました。さらに、西澤の先輩助手を11人飛び越えて、1953年に助手になったばかりの西澤を1954年に助教授にしています。

2) 教え子に伝わらない独創研究

半導体を専門とする教授Dが、「モットやショットキィ、バーディーンの理論が正しく西澤の方が間違っていた」と言うのを聞いて、筆者は愕然としました。Dは西澤の教え子ですが、道場生ではありません。西澤を尊敬していると言いながらが、西澤の1950年当時の苦しみをDは理解できないようです。

日本中の学者から反発を受けた西澤は、1950年頃モットやショットキィ、バーディーンの理論が正しいという研究者の実験ノートを見せてもらったそうです。その実験ノートを見た西澤は、ただちに西澤の考えが正しいことがわかったそうです。西澤は、実験データこそ真実であると教えましたが、モットやショットキィ、バーディーンの理論が正しいと思っている研究者は、自分の測定データを理論に合わせて読んでしまうのです。西澤三原則の第3準則は「精度」であるとの小林の指摘は慧眼であります。第3準則は、単なるバラツキ（測定誤差）であるのか、重要な自然現象を含むのか、自分の測定したデータを精密に検討しなさいと教示しているのです。第3準則は、1＋1＝2をそのまま受け入れるべきか、「特殊解に過ぎないのでは？」と疑問を持つべきなのかの差を教示しています。

Zが、5インチのSi半導体製造ラインを導入して、西澤を激怒させた事件は、研究者にとって重要な教訓です。しかし、Z以外でも、西澤の教え子である何人かの教授たちは、5インチどころか、8インチや12インチの製造ラインで半導体の研究をしています。教え子であれば、図1に示した西澤の指導の理念を理解すべきであり、Zの轍を踏んではならないはずです。

第3準則の「精度」は、ギブスの相律の解釈にも関係しています。化合物半導体の化学量論的組成というミクロな精度を問題としなければ、従来の相律でよかったのです。天秤炉の実験データにより、ギブスの相律を拡張解釈しなければいけないという結論を西澤が得たのが1977年です。1983年のイバシチェンコが拡張解釈の理論を発表した頃になると、西澤の研究室の壁には、西澤の自筆の「真理はすべて実験室にありて机の上には在ず」という実証主義の原則を示す言葉が、額に入れて掲げられるようになりました。実は学生に化学量論的組成の制御のテーマを与えた後で、ギブスの相律が頭に浮かび、西澤自身が「間違えたか？」と、机の上で一瞬思ったそうです。しかし、学生が圧力で化学量論的組成が変化するという実験室のデータを持ってきたそうです。

　西澤がショックレイの理論が間違っていることを指摘したのにもかかわらず、道場生であったXは、相変わらずチャネルがピンチオフするという説明をして、西澤のチャネル抵抗による負帰還の説明をしていませんでした。SITにチャネル抵抗を付けたトランジスターがFETであり、原理的にも実験データにおいても、SITの方が優れていることが示されているのに、わが国の主要半導体企業は、SIT集積回路を製品化することはありませんでした。ここにわが国の半導体産業が凋落した理由の1つがあるように思われます。

　そして、Dを含めて半導体の分野な教え子である大学教授が誰一人としてSITを研究していないという不思議な事態になっています。FETの構造を微細化（短チャネル化）すると三極管型特性になりますが、現在の半導体集積回路の産業においては、わざとチャネル抵抗を大きくして五極管特性にしています。抵抗は古典論的効果ですので、微細化が進み量子論的な動作になれば、SITの動作になるはずですが、誰も研究しようとしていないようです。また、2024年5月15日から見直しの議論が始まった経済産業省のエネルギー基本計画では、生成AIの活用の増大に伴い電力消費量の増大を問題にしています。既に説明しましたようにFETはSITにチャネル抵抗を付加したものです。抵抗を電気が流れると熱として損失します。この点で、生成AIに用いる集積回路としてチャネル抵抗で電気エネルギーが熱として消費されるFET集積回路よりも、チャネル抵抗の

小さい SIT 集積回路の方が低消費電力です。さらに、FET ではチャネル抵抗分電子が余分に送行するので、SIT の方が高速に動作します。しかし、残念なのは、SIT の研究報告が出てくるのは、わが国からではなく、ボストン大学、アーカンソー大学、ナポリ大学、スコピエ国公立大学（北マケドニア）、ブカレスト工科大学、蘭州大学（中国甘粛省）等の外国からであるという不思議な状況です。以前 IBM ワトソン・リサーチ・センターの IC 研究グループ長が西澤に「この頃、日本から来訪する研究者が、例外なく SIT の悪口を言って帰るが、どういうわけだ」と聞いたそうです[25]。

　Si を用いた UHF パワー SIT の試作結果が、2.45GHz で 36W が限界になってしまったのは、上述したとおり、製造プロセス技術の問題から西澤の理想とした構造に到達できなかったのが最大の理由です。また、半導体材料の熱損失が他の 1 つの理由です。チャネル抵抗の小さい SIT でも大電力になってくると熱損失が効いてきます。現在、窒化ガリウム（GaN）や炭化珪素（SiC）等の Si よりも禁制帯幅が大きく、絶縁体に近いワイドバンドギャップ半導体を用いた SIT の研究がボストン大学やアーカンソー大学から報告されています[26]。新たな半導体材料であるワイドバンドギャップ半導体により、SIT を製造することと、チップの冷却技術の開発により、携帯用電子レンジが可能になるかもしれないと考えています。たとえば特許第6295467号に記載の冷却装置を、微小電子機械システム（MEMS）の技術を適用して UHF パワー SIT のチップの冷却技術とすることは、携帯用電子レンジの実現に有効な方向と思われます。

第6節　日本経済低迷の根本原因

1) 新しいジェネリック・テクノロジーを生み出せ

　現在の日本の円安の傾向は実体経済の弱さを示しております。西澤は、常々「今の日本の企業や大学が、既存技術の改良や組み合わせばかりで、新しいジェネリック・テクノロジー（基盤技術）を生み出せていないことが、日本経済低迷の根本原因である」と指導していました。晩年の西澤が筆者に残した遺言は、「新しいジェネリック・テクノロジーを生む研究（グレシャムの法則の良貨）と、既存技術の改良や組み合わせの研究（悪貨）

の違いを、若い教授たちに教えてきなさい」という意味であったように思われます。

図1の三角形の左下側の頂角に示した指導の機軸をなす「基盤技術を生む」という研究テーマの選択は、わが国の企業が国際的な競争力の強い企業となり、その結果、わが国の経済が復活するためには、極めて重要な指導内容です。VRIOのフレームワークにおける希少性が高い技術を開発し、それを知的財産権で保護して模倣可能性を小さくすることが重要であり、最近の政府が主導しているような外国技術の導入に依存していたら、新しい基盤技術が生み出されません。

1985年のNHK特集は、光通信の基本三要素である「光源」「光伝送路」「光受信器」をすべて西澤が発明したことを紹介し、西澤が光通信というジェネリック・テクノロジーを生み出したことを示しました。

光通信の基本三要素のうち光伝送路（光ファイバー）の特許出願は、一度特許庁が特許性を認めたにもかかわらず（特公昭46-29291）、日本企業各社が共同戦線を組んで特許異議申立をしました。西澤は、最高裁まで争いましたが登録にまで至ることができませんでした（最判平2.2.23：昭62行（ツ）20号）。注意したいのは、光ファイバーの特許出願が登録されなかった理由は、新規性等の技術的な実体要件の問題ではなく、記載様式（形式）的な問題でした。その背景には、日本の特許法の分割出願に関する規定の不備がありました[27]。

1965年秋の、電子通信学会で屈折率分布型の光ファイバーの発表をした際に、ある研究所の研究者が、自分の掛けていた眼鏡を外し、「この

【図25】ジェネリック・テクノロジーの発祥の地を示す石碑（旧半導体研究所1号館）

厚さ1mmのレンズでもいくらか暗くなる。厚さ30cmのガラス板では、真っ暗で何も見えない。ましてや、何十kmものガラスの糸の中を光が届くはずがない。そんなものを通して通信しようなんて……」と語気鋭く言い放ったと伝えられています[28]。

　1965年の電子通信学会の経緯を鑑みれば、西澤の特許が登録される技術的・実体的な特許要件は備わっていたのです。独創技術である光ファイバーの特許を、わが国の企業がみずから潰し、外国の企業にわが国の企業がライセンス料を払うことになり、国際収支上の不利益となったのです。

2) エネルギー分野のジェネリック・テクノロジー

　光通信は、情報技術分野のジェネリック・テクノロジーですが、西澤は、エネルギー分野のジェネリック・テクノロジーも提言しています。すなわち、2006年に小泉首相宛に「エネルギー・環境と人類の未来／日本の脱石油戦略を考える、高圧直流送電」の提言をしています。この提言の主な内容は、提言の表題にあるように、図20の左上に古典論の領域として示した西澤のSIサイリスターと、p-i-nダイオードを用いた直流送電技術が人類のエネルギー問題を解決し、原子力発電を不要にするというものでした。当時、内閣総理大臣であった小泉は、西澤の案を無視しましたが、退任後の2013年になって「原子力発電所をゼロにせよ」との発言をしています。

　2015年に開催された「エネルギー転換ベルリン会議」でのJ.リフキン（Rifkin）は「限界費用ゼロの再生可能エネルギーと第3次産業革命への転換」というプレゼンテーションに各国の参加者から大きな拍手が送られたと伝えられています。リフキン提唱の「第3次産業革命の経済行動計画」をEUが採択したということです。リフキンは、「インターネット技術と再生可能エネルギーが第3次産業革命という21世紀の世界を変えるであろう新しい時代を作ろうとしている」との提案をしていますが、インターネット技術の根幹には西澤の光通信技術があります。

　エネルギーは、「発生」した後、「分配」され、家庭や工場で「消費」されるので、「発生技術」「分配技術」「消費技術」の3つの側面でとらえなければなりません。「消費技術」とは、高効率LED照明やSIT集積回路

等の低消費電力半導体装置の採用により再生可能エネルギーの消費の無駄をなくす技術です。リフキンは、「分配技術」としてグローバルなスマート・グリッド網の構想を提唱しています。

　地球上の特定の地域に着目すれば、電力使用量が混み合うピーク時が大きく異なるのが実情です。1日の時間帯でも昼間のピークと夜のオフピークでは倍近い変動があります。北半球と南半球とでは、夏と冬は逆転しています。「分配技術」で重要なのは電力送電時のロスです。日本全国で総発電量の5％ほどが、交流送電方式で失われていると言われています。2000年度の資源エネルギー庁の概算によれば、1年間に「100万kW級の原子力発電所6基分」の発電量に相当する約458.07億kWhを無駄に損失しているとのことです。

　地球上の有限な再生可能エネルギーを、西澤の高圧直流送電技術により効率的・合理的に分配できます。西澤はよく、「人類の持つ効率99％以上のエネルギー変換装置は変圧器と、p-i-nダイオードとSIサイリスター（特許第1089074号の特許出願は1975ですが、既に1973年には試作され実現されていました）の3つしかないが、そのうち2つを自分が発明した」と述べていました。1950年のp-i-nダイオードと1973年のSIサイリスターの発明により、高圧直流送電が高効率で可能になります。たとえば、約1,600kmの送電線で数千MWを送電する場合、交流送電方式では、12～25％の電力が失われますが、直流送電方式では6～8％に抑えられる技術レベルが達成されています。

　通常、電気エネルギーは交流で使うので、送電された直流を交流に変換する変換装置が必要ですが、SIサイリスターは、この高圧直流送電に用いる直流を交流に変換する変換装置に使うことができ、p-i-nダイオードは交流を直流に変換できます。従来のサイリスターは、一旦導通してしまうと遮断ができない欠点がありました。西澤がSITの原理を用いて1973年に発明したSIサイリスターは、導通も遮断も高周波・低損失において可能な半導体素子です。東洋電機が1983年に2500V-150A級を、1984年に2500V-300A級のSIサイリスターを試作し[29]、1988年にこれらのSIサイリスターを発売しました。

　GE社は、SIサイリスターを電界制御サイリスター（FCT）と呼んで

ます。現在、「絶縁ゲート型バイポーラトランジスター（IGBT)」と呼ばれるようになった電力用半導体素子を1982年に発表したB. 米国ノースカロライナ州立大学のB.J. バリガ（Baliga）教授[30] は、1997年に仙台で開催された第10回 SI デバイスシンポジウムにおいて、「IGBT の発想は西澤のSIT から得た」と述べています。

IGBT は、SI サイリスターの一種と考えることができますが、新幹線やハイブリッドカー、さらには、インバーターエアコンなどのさまざまな機器に搭載されています。地球規模の観点から、余っている国や地域から西澤のSI サイリスターを用いて直流送電技術を機軸とするスマート・グリッド網によって、人類のエネルギー問題は解決するのです。

2021年の総務省が発表した「IOT 国際競争力指標2021年実績（概要)」によれば、パワー半導体の国別シェアの第1位は29％の日本で、第2位の28％のドイツをわずかに抑えています。パワー半導体の製造は、ノウハウ技術等の高い技術力に依存する要素があり、VRIO フレームワークの模倣容易性が小さい技術分野になっています。

注
(1) 西澤潤一『モレクトロニックス（Molectronics Program)（Ⅰ)』「日本金属学会誌」第25巻、第5号、pp. A-149~A-157 (1961)
　西澤潤一『モレクトロニックス（Molectronics Program)（Ⅱ)』「日本金属学会誌」第25巻、第6号、pp. A-177~A-181 (1961)
(2) 松尾博志『電子立国日本を育てた男　八木秀次と独創者たち』文藝春秋、p94 (1992)
(3)　たとえば、S. Matsuo, "A Direct-Reading Radio-Reflection-Type Absolute Altimeter for Aeronautics", Proceedings of I R E, vol.26, No.7, p.848 (1938)
(4) F. J. Dyson, "The Future of Physics", Physics Today 23 (9), 23–28 (1970)
(5) 渡辺寧他『結晶整流器に関する研究（第一報)』、電気三学会連合大会、(1949.11)
(6) 西澤潤一『半導体装置（東北大基礎電子工学入門講座 第12巻)』近代科学社、p.1 (1961)
(7) J. Nishizawa et al., "Properties of Sn-doped GaAs", J. Appl. Phys. vol.44, pp.1638-1645 (1973)
(8) J. M. Persey et al., "Electron Trap-free Low Dislocation Melt-grown GaAs", J. Electrochem. Soc, vol.128, pp.936-938 (1981)
(9) A. I. Ivaschenko, Conference on Berg und Huttenmannisher Tag, (1983)
(10) J. Nishizawa et al., "Field-Effect Transistor Versus Analog Transistor", IEEE Trans. on Electron Devices, vol ED-22, no.4, pp.185-197 (1975)

(11) P. H. Siegel, "Terahertz Pioneer: Jun-ichi Nishizawa 'THz Shogun'", IEEE Transaction on terahertz science and technology, vol.5, no.2, pp.162-169 (2015)

(12) 松尾義之『対象と真摯に向き合う、そして畏れ、恐れず』科学技術振興機構「産学官連携ジャーナル」第7巻、8号、pp.10-17（2011）

(13) G. M. Dyson, "The Scientific basis of odor", J. Soc. Chem. Industry, vol.57, pp.647-651 (1938)

(14) B.Linda,et al. "A Novel Multigene Family May Encode Odorant Receptors: A Molecular Basis for Odor Recognition." Cell, vol.65, pp.175–183 (1991)

(15) 西澤潤一他『気相成長に及ぼす光線の影響』「総合研究」資料第37-19号、pp.1-5 (1963)

(16) M. Ahonen et al., "A study of ZnTe films grown on glass substates using an atomic layer evaporation method", Thin Solid Films, Vol. 65, pp.301-307 (1980)

(17) 西澤潤一『科学時代の発想法』講談社、p.168 （1985）

(18) T. Okabe et al., "Bulk Oscillation by Tunnel Injection", IEEE 1968 Int. Electron Devices Meeting (1968)

(19) R. N. Hall et al., "Coherent light emission from GaAs junctions", Phys. Rev. Lett., Vol.9, No.1, pp.366-368 (1962)

(20) 小林和雄（インタビュアー）『独創技術と情報活動』科学技術振興機構「情報管理」第27巻、第9号、pp.757-770 （1984）

(21) 西澤潤一『わが半導体研究小史（5）』工業調査会「電子材料別冊」p.11 (1975)

(22) マシュウ・ジョセフソン著、矢野徹他訳『エジソンの生涯』新潮社 (1962)

(23) J. Nishizawa et al., "The 2.45GHz 36W CW Si Recessed Gate Type SIT with High Gain and High Voltage Operation", IEEE Trans. Electron Devices, Vol.47, No.2, pp.82-478 (2000)

(24) 松尾博志『電子立国日本を育てた男　八木秀次と独創者たち』文藝春秋、pp.30-36 （1992）

(25) 西澤潤一『独創は闘いにあり』プレジデント社、p.175 （1986）

(26) G. E. Bunea et al., "Modeling of a GaN based static induction transistor" MRS Proceedings, Vol. 537, (1998); A. S. Kashyap, et al., "Compact Circuit Simulation Model of Silicon Carbide Static induction and Junction Field Effect Transistors", Proc. IEEE Workshop on Computers in Power Electronics, pp. 29-35, (2004)

(27) 鈴木壯兵衞『分割出願の客体的要件についての考察』日本知的財産協会「知財管理」vol.51、pp.27-40 (2001)

(28) 西澤潤一『独創は闘いにあり』プレジデント社、p.155 (1986)

(29) J. Nishizawa et al., "A- Lo-Loss High-Speed Switching Device: The 2500-V 300-A Static Induction Thyristor", IEEE Transaction on Electron Devices, vol. ED-33, pp.507-515 (1986)

(30) B. J. Baliga et al., "The insulated gate rectifier (IGR): A new power switching device", IEEE International Electron Devices Meeting Abstract 10.6. pp.264-267 (1982)

第5章

研究と指導における愛

第1節　天狗になるな

　道場生に「天狗になるな」と指導した西澤には、以下のようなエピソードがあります。

　SIT の低歪、大電力、低雑音という特性を生かして、1974年にヤマハ株式会社から IT の回路を用いたオーディオ用増幅器モデル B-1 が発売されました。ヤマハ株式会社からは、モデル B-1 に続きモデル B-2 およびモデル B-3 のオーディオ用増幅器が発売されましたが、西澤は、すべてのモデルのオーディオ用増幅器、全部で3セットのオーディオセットを所有していました。西澤は、「自分の発明したトランジスターを搭載した回路のオーディオ用増幅器で音楽を聴けるのは、世界中でショックレーと自分の二人しかいない」と自慢していました。なお、西澤は、「とにかくバッハに熱中した。……（中略）……。現在ではバッハからもう少し古い音楽に引かれ、フランドル音楽に最も関心がある」と述べています[1]。

　集中した思索・思考を重要視した西澤は、道場生を含め周りの誰もコンタクトできない隠れ家の書斎を持っていました。3セットのオーディオセットの内の1セットはこの隠れ家に置き、他の2セットのオーディオセットは、自宅と西澤道場にそれぞれ置いていました。

　しかし、このとき西澤に不注意があり、隠れ家のオーディオ用増幅器の出力をかなり大きくしてしまったようで、西澤の部屋の下の階の部屋の住人から「やかましい」と注意を受けたようです。下の階の部屋の住人は、

110　第1部・本論　西澤潤一の研究と指導

西澤完全結晶プロジェクトと同時に1981年に発足したERATOの増本特殊構造物質プロジェクトの研究員でした。増本プロジェクトの若い研究員は、怒鳴り込もうとしたら西澤が出てきて驚いたようです。しかし、翌日になると、西澤が菓子折りを持って、若い研究員に謝りに来たそうです。道場生に「天狗になるな」と指導した西澤は、実は、腰の低い謙虚な学者でした。

第2節　ユダヤ古代誌のサロメ

　西澤の指導原理は、図1のようにまとめることができるかと思います。図1に示された指導のフレームワークの背景を考えるうえでは、西澤が良く引用したサロメの「7枚のヴェール」の話をしたいと思います。

　サロメは、聖書の「マルコによる福音書」「マタイによる福音書」やヨセフス著『ユダヤ古代誌』に、ヘロデ大王の孫にあたるヘロディアスの娘として出てきます。友人の前では1枚目のヴェールは脱ぐ。多くて4枚目のヴェールまでは脱ぐ。恋人なら6枚目のヴェールまで脱ぐ。しかし、7枚目のヴェールは誰の前でも、自分に対しても脱がないという話を西澤は、良く教え子や道場生の前でしていました。

　サロメの「7枚のヴェール」の話を引用して西澤が伝えようとしたのは、7枚目のヴェールとなる自分の殻を破り、ノーガードで西澤から滅多打ちに合わなければ、西澤の「愛」に気がつかないということであったように、筆者は考えています。西澤から良く言われたのは技術的な内容ではなく、「自分の胸に手を当てて心の奥で考えなさい」という指導でした。

　筆者は、西澤から「蒟蒻玉そうべえ」と言われていました。その理由は、「何を言っても、おまえには、効果がないという意味だ」と西澤から聞かされました。筆者は、西澤からどのような厳しい言葉を浴びせられても、その言葉に恐怖を感じることはなく、自分の反省材料にできるようになりました。

　1985年のNHKの番組では、西澤の厳しい指導が放映されましたが、西澤が厳しい言葉を筆者に浴びせるのは、周りに他の道場生がいるときで、他の研究者にも西澤の考えを同時に説明しているのでした。周りに道場生

がいないときには、西澤が筆者に対し、「今日は、誰のために泣きにきた？」と聞くことがたびたびであり、そのつど、西澤の偉大な愛を感じるようになりました。

半導体研究所の西澤の前の所長は、渡辺研究室の先輩である喜安善市先生です。喜安先生は、半導体レーザーの資金獲得のため西澤を連れて電電公社等を回っており、光ファイバーの研究に着手したのも、喜安先生の言葉があったからと聞いています。西澤は、喜安先生から相当叱られたようですが、喜安先生が仙台を去るとき、「一番得をしたのはお前だ」と言われたそうです。

筆者が両親の事情で西澤道場を退職してしばらくすると、西澤の秘書から「西澤が怖くて、残った研究者が西澤に報告にも行けない。どうしたら良いでしょうか」という内容の手紙が来ました。西澤は、7枚目のヴェールを脱ぐことができる次の「蒟蒻玉」を探していたのかもしれません。

第3節　指導の勁さとは何か

西澤は立原正秋の、「男の勁（つよ）さとは何か」と題して、「勁さはきびしさに裏付けされ、きびしさはやさしさに裏付けされ、やさしさはただしさに裏付けされていなければならない、というのが私の偏見である」を、屢々引用しました [2]。

立原正秋の「勁さ」は「強さ」とは異なるようです。「強」には、「しいる」「こわい（固い）」の意味があり、かたくなさを持った威嚇的なニュアンスがあります。一方、「勁」は、ピンと張った弦（たて糸）のように細くてもしなやかで、自分の軸で堂々と生きる精神的な意味を感じさせます。「勁」の字を含むことわざに「疾風に勁草を知る」というのがあり、「勁草」とは、風にも折れない丈夫な草という意味です。

漢文学者の白川静は、「勁」の字を「巠は織機のたて糸を張りかけた形。上下の力の緊張した関係にあるものを示す。力は筋力の意。頚部は人体においても最も力の強健なところである」と説明しています [3]。

筆者には、苦い経験があります。Ｉ君という学生の指導に手を焼いた筆者は西澤に、「Ｉ君は、何を教えてもうまくいきません」という報告をし

たところ、「そういう駄目な学生ほどしっかり指導せよ」とお叱りをいただいた。W.A. ワード（Ward）の「偉大な教師は心に火をつける」の言葉は有名ですが、西澤は吉田松陰の松下村塾における教育について度々話をし、「教育とは個性を伸ばすことである」と常に言っておりました。第2章第1節で説明した知識を教える指導ではなく、考える力を養う指導は松陰の指導と同じでした[4]。「きびしさはやさしさに裏付けされ、やさしさはただしさに裏付けされていなければならない」という八木→渡辺→西澤と続いた指導の系譜でした。その後、筆者は、理解が遅い後輩ほど、丁寧に指導するように心がけるように改めました。筆者が弁理士になって以降の話ですが、筆者の指導した部下から10名以上の弁理士が続々と誕生しました。当時の特許事務所の所長は「なぜお前のグループだけから弁理士が誕生するのだ？」と不思議がっていましたが、その理由は西澤の教えにあります。

　筆者が大学院生のとき生活が苦しく、たとえばキャンパス内にあるタンポポの葉を湯がく等をして、研究室で野菜ばかり食べてばかりいましたら、後輩の学生が「生野菜のそうべえ」と呼ぶようになりました。あるとき、西澤が「野菜ばかり食べていると鳥になるぞ」と言って肉を差し入れてくれました。涙が出るほどの優しさがあるのが西澤の指導でしたが、やさしさに裏付けされたきびしさを説明するものと考えます。

　「勁さ」「きびしさ」「やさしさ」「ただしさ」の指導は、図1の三角形に示すように（a）研究を経営する、（b）基盤技術を生む研究テーマを選択する、（c）自分の考えた新たな実験装置で自然を観察し、自分の頭で考えるという西澤道場の3本の機軸の背景にある愛として整理できるかと思います。

第4節　前田孝矩先生の「工」の字の解説

　父親が東北帝国大学工学部の教授をしていた12歳の西澤は、東北帝国大学選鉱精錬研究所教授前田孝矩先生が、工学部の同窓会（学友会）誌の「工明会誌」に会誌部長として寄稿した文を読みました。「工明会誌」を読んだ記憶から、西澤は、工学の「工」の上の横一本棒は、天が人間に与え

てくれた自然および自然現象、下の横一本棒は地の上の人と社会を表し、それを縦棒でつなぐのが工学であると、教え子や道場生に説明していました。

さらに「サイエンスとヒューマニズム（愛）をつなぐのが科学技術である」というような説明もしていました。「工明会誌」には、縦棒は天地を貫くもので、「天地を貫くものは審理を措いてない」、「吾々は工人ではあるが審理を貫く探求者である」との説明がされています[5]。西澤は、「明白に工学のもう一つの基礎である人類愛を意識するようになったのは、終戦後の悲惨な生活をしている時で、……」と述べています[6]。図1の三角形のフレームワークで示した西澤の研究と指導は、人類愛に関係しています。人類愛は、第2章第2節で述べました研究経営における（イ）産業上の基盤技術となる研究をすることにより日本国民を幸せにするという西澤の第1目的にも重要な意味を持っています。

晩年の西澤の研究は、テラヘルツ技術とSIサイリスターの研究の2本の機軸に集約されているようでした。テラヘルツ技術の研究は、5Gの世代の先の6Gまたは7Gの世代のインターネット技術に繋がり、SIサイリスターは、エネルギーの分配技術に繋がり、いずれも人類の幸せに貢献するものです。

晩年の西澤が集約した2つの研究テーマは、リフキンが提唱する「インターネット技術」と「再生可能エネルギー」のそれぞれに関連付けることが可能であり、西澤は、綿密な研究テーマの取捨選択を、人類愛という観点からしていたと推定できます。実際に、筆者は、西澤から「それはやるな」と止められた研究計画がいくつかあります。

第5節　宮沢賢治の法華経観

西澤は、「研究の原点は宮沢賢治です」と、2002年の「東北大学生新聞」で述べています。旧半導体研究所1号館の玄関内の研究室内に入る通路の上部の壁には、宮沢賢治が1926年に著した『農民芸術概論綱要』の一節が﨟纈染めにされた作品が額に入れられて掲示されていました。

この作品には、「世界がぜんたい幸福にならないうちは個人の幸福はあ

り得ない」の一節が染められていました。「世界がぜんたい」であって「世界ぜんたい」ではないので、宮沢は、副詞「が」により「個人」と「世界」を対立させてとらえており、世界の中に含まれる個人の意味ではないことに注意が必要です。法華経に傾注していた宮沢は、世界＝宇宙を法華経観に基づいた捉え方をしていました。

　臈纈染めの一節の直前には、「近代科学の実証と求道者たちの実験とわれらの直観の一致に於て論じたい」という一節があり、「直観」という言葉が出てきます。1911 年に西田幾多郎の『善の研究』が出版されています。農民芸術概論綱要における宮沢の「直観」は、個人としての自分が、個人に対比される宇宙、世界と一致しているという見方で、西田哲学の直観と似ています。したがって問題意識としては、宮沢と西田は響き合っていたように思われます。農民芸術概論綱要では「個人」と「世界」の両方が幸福にならないといけないという捉え方になっています。そして、「近代科学の実証と求道者たちの実験」は、西澤がもっとも大切にした自然科学の実験による実証です。

　西田哲学の研究者によれば、「自覚」とは「自己の内に他を映すこと」で、直観は、他を自と「見る」ことのようです。自己は「創造的世界の創造的要素」ということです。宮沢が「善の研究」を読んだかはわかりませんが、西田哲学によれば、道場生の自己が世界であり、世界が自己であることとなります。西澤は、自己の心の内奥の場所を見つめるように道場生を指導しました。心の内奥において世界を自己と見ることを、旧半導体研究所 1 号館の臈纈染めの一節が教えていたと思われます。かくして、図 1 に三角形で示した西澤道場の研究と指導のフレームワークの根底には、世界全体に対する愛があるといえると考えます。

　第 4 章で述べたとおり、教え子が SIT 集積回路を研究していない状況になり、西澤の理想郷の火は消えそうな状況です。開発と製品化の経緯から「SIT は接合ゲート型（埋込型）の個別素子である」という誤解が蔓延してしまったことは西澤の誤算でした。また、半導体戦争の主要な戦士となった教え子たちは、第 2 章で述べた MOS 型の SIT 集積回路の成果が発表される前に巣立った世代であり、MOSFET 集積回路から MOSSIT 集積回路への移行のタイミングが失われてしまったのも誤算でした。比叡山

延暦寺根本中堂の不滅の法灯は、788年の開山以来1,200年以上燃え続けています。西澤が研究と指導の理想郷で目指した西澤イズムの火を消してはならないというのが、筆者の願いです。

注

(1) 西澤潤一『愚直一徹　私の履歴書』日本経済新聞社、p.103（1985）

(2) 立原正秋『男性的人生論』角川文庫、pp.18-20（1976）

(3) 白川静『字通』平凡社（1996）

(4) 吉野忠男他『人材育成の継承』「大阪経大論集」第65巻、第2号、p.295（2014）

(5) 前田孝矩『会誌20号発行に当たりて』「工明会誌」第20号、pp.9-11（1939）

(6) 西澤潤一『［パイオニア］半導体素子の研究』「Computer software」第4巻、第4号、pp.379-386（1987）

第2部・補論

日本経済と大学の教育・研究

相沢 幸悦

第1章

日本経済の再興に向けて

第1節　西澤潤一先生の信念

1）新聞のコラム

『東京新聞』2023年11月25日付の〈コラム（筆洗）〉は、西澤先生について、次のように論じています（要約）。

　　自動車や家電製品などに使われ「産業のコメ」といわれる半導体。研究を先導した東北大元学長の故・西沢潤一さんは「ミスター半導体」と呼ばれた。

　　自ら設立に関わり、昭和30年代に生まれた半導体研究所は企業も出資し産学連携の先駆といわれたが、学者が資金を企業に恃（たの）むことには同僚や学生の批判も。（中略）本人は「日本全体が食うためには電子工業をやらなくてはならない」と揺るがなかったという。

　　昭和の終わりに半導体で世界を席巻した日本は再びそれで食えるようになるのか。

　　衆院を通過した政府の補正予算案の柱の一つが半導体関連で、総額2兆円近い。次世代半導体の国産化を目指し、官民連携で（中略）支援も増やすという。

　　（しかし、）国際競争で後れをとった日本は技術や人材の蓄積が乏しい。次世代技術での優位確保は「野球少年が明日から大リーグで活躍したいというようなもの」と語る専門家もいる。

西沢さんは半導体研究所の玄関正面に、東北出身の作家宮沢賢治の
言葉が入った染物を飾ったという。「世界がぜんたい幸福にならない
うちは個人の幸福はあり得ない」。研究はみなの幸せのためにある－。
血税投入は幸福を招くだろうか。

※下線部は筆者による追記。

2)　世界がぜんたい幸福に

　西澤先生は、個人が幸福になるには、宮沢賢治のいう地球上のひとびと
がぜんたい幸福になることが大前提だと言います。現代の産業のコメとい
われる半導体研究の先駆者であり、世界・日本がぜんたい幸福になるため
には、電子工業の発展が大前提だという揺るがぬ信念を堅持されていたの
です。

　大学で基礎研究に打ち込まれ、昭和30年代に半導体研究所を設立し、
大学と企業の資金で官民連携のもと半導体研究をおこない、日本の電子産
業の発展に多大なる貢献をされました。東北大には、産学協同粉砕の立看
（板）が掲げられたといいます。そういう時代だったのです。当時の大学は、
企業の利益追求に加担する研究や軍事研究はしないという風潮が支配的で
した。

　先生は、半導体や光ファイバーなどの基礎研究をおこない、その製品化
のために企業に参加を求めたのです。けっして、基礎研究をおこなうため
に、企業に協同研究を求めたのではありません。もちろん、儲けを生まな
い基礎研究に企業は、資金など提供しませんが。

　第1部第4章第6節で述べたように、1965年の電子通信学会で西澤先
生が光ファイバーの発表をしたときに、ある研究者が、眼鏡の1mmのレン
ズでさえ先が見えないのに、光ファイバーで光が何十kmも通るはずがな
いと罵倒し、会場に爆笑の渦が沸いたという話を聞いたことがあります。

　大きな学会は、おしなべて「一流」大学の、しかも学会のボス教授が牛
耳るのが常です。ですから、最先端、常識外れの研究などは一蹴されます。
要は、理解不能ということで、西澤先生の研究があまりにも先駆的だった
ということなのです。

　先生の研究の先駆性を見抜いたのは、アメリカなどの大学教員や米企業

の研究者でした。ですから、アメリカなどの多くの学者・研究者が、西澤先生のもとに日参したといいます。

日本企業にも半導体開発の重要性を粘り強く訴えて、東北大学に官民協働の半導体研究所を設立し、日の丸半導体の礎を築きました。日本企業が資金供与に踏み切ったのは残念ながら、画期的な研究が、日本ではなくアメリカで評価されたからなのでしょうか。

先生は、基礎研究をもとに実用化にも全力を投入されました。もちろん、大学独自では、実用化など資金的にも不可能ですので、企業と協同でおこなったのです。基礎研究にもとづいて企業と協同で製品化することなど、並みの学者にできることではありません。ここに先生の偉大さがあるのですが、残念なことに、西澤先生のご努力にもかかわらず、いまだ世界がぜんたい幸福にはなっていません。必然的に個人もしかり。

政府は、日本に外資の半導体工場を誘致するために、数兆円規模の財政資金を投入しています。当該地域は、いまのところ空前の繁栄を謳歌しています。

日本政府は、またしても的はずれの政策をおこなっています。数兆円あるなら、大学の基礎研究に投入するほうが、はるかに効率的な税金の使い方です。血税である税金は、効率的に投入するというのが大原則だからです。外資を誘致しても、利益は、海外に流出するだけなのです。日本は、まるで途上国になったかのようです。いずれ、半導体の供給過剰で不況に陥る危険があります。

技術立国の再興のためには、これから20〜30年の年月が必要です。半導体敗戦の教訓は、いまこそ、大学での基礎研究の徹底的な充実、大学・大学院での後進の積極的な育成が絶対不可欠だということなのです。

第2節　経済成長の仕組み

1）産業革命の遂行
作業機のイノベーション

イギリスでは、1688年の名誉革命をへて、18世紀には、紡績の部門で大きな発明が相次ぎました[1]。

第1章　日本経済の再興に向けて　121

1733年のJ.ケイ（Kay）による飛び杼の発明により、手動式でしたがより多くの布を織れるようになり、1764年には、J.ハーグリーヴズ（Hargreaves）によるジェニー紡績機の発明で生産性は8倍も上昇しました。1769年には、R.アークライト（Arkwright）が水力紡績機を開発し、はじめは水力、ほどなく蒸気機関で稼働するようになりました。

　さまざまな作業機の発明により、1800年から1850年にかけて綿織物価格は、5分の1以下にまで低下しています。ちなみに、同期間に穀物や食料品価格は、3分の1しか下落しませんでした[2]。

　産業革命は、蒸気機関が発明されたからではなく、手動や水力によるものであったとしても、それまでの何倍もの生産性を有する作業機が発明されることによって遂行されました。生産性が飛躍的に上昇して価格が大幅に低下すれば、衣類への消費は爆発的に増加します。ほとんどのひとが購入するからです。しかも、賃金が同じでも、より多くの衣類を購入できます。「着たきり雀」だったひとびとは、好みにあった衣類をさがします。生産者は、好みにあうだろうという見込みで衣類を生産し、マーケットに供給します。

　既存の作業機を使って生産する競争者よりも、安く衣類などをマーケットで売ることができますので膨大な利益がえられます。販売価格が、コストプラス適正利潤以上であったとしても、競争相手よりもはるかに安い価格で販売できるからです。こうして、新たな作業機を導入したことによって、先行利益（超過利潤）を獲得できるのです。

　この超過利潤を求めて競争者は、当該部門に新規参入します。先行の生産者は、それまでの生産設備では、生産が需要に追い付きませんので、新規の設備投資をおこないます。新規参入者も設備投資をおこないます。設備投資需要が激増し、消費が激増しますので、当該部門が活況を呈します。イギリスで手織り機が消えたのは、1830年のことでした。

　生産性の格段に高い作業機が、繊維産業で大量に導入されることによって進展したイギリスの産業革命は、それまで手作りで製造していた工作機械を機械（旋盤など）で製造できるようになったことや、鉄道などの登場により、鉄鋼・採炭・機械などの新たな産業が発展するきっかけとなったことで終結しました。

イノベーションによる経済発展

　資本主義は、イノベーションによって発展するということを明らかにしたのが、J.A. シュンペーター（Schumpeter）です[3]。

　シュンペーターは、「技術的にも経済的にも、生産とはわれわれの領域内に存在する物および力を結合することにほかならない」が、それとは違った「新結合が非連続的にのみ現れることができ、また事実そのように現れる限り、発展に特有な現象が成立する」として、資本主義が発展するのは、新結合によるものだと述べています。

　新結合というのは、①新しい、まだ知られていない、新しい品質の財貨の生産、②新しい生産方法の導入、③新しい販路の開拓、④原料・半製品の新しい供給源の獲得、⑤新しい組織の実現、独占的地位の形成あるいは独占の打破、などです。

　そして、「新結合、とくにそれを具現する企業や生産工場などは、（中略）単に古いものにとって代わるのではなく、一応これと並んで現われるのである。なぜなら、旧いものは概して自分自身のなかから新しい大躍進をおこなう力をもたないからである」といいます。収益性の低下した既存の企業が新結合によって、ふたたび高い収益性を有するようになることは、難しいということなのです。ゾンビ企業がはびこる現状の日本をみればあきらかです。

　新結合を象徴的にいうと、「鉄道を建設したものは一般に駅馬車の持ち主ではなかった」し、「郵便馬車をいくら連続的に加えても、それによってけっして鉄道をうることはできない」ということになります。これが、シュンペーターのいうイノベーションなのです。

　競争経済（市場経済）においては、「新結合が旧結合の淘汰によって遂行され（中略）、一方における社会的地位の上昇、他方における社会的地位の下落」が進み、経済が発展していくといいます。これが、いわゆる創造的破壊といわれるものなのです。

イノベーションの役割と帰結

　シュンペーターのいうイノベーションというのは、単なる技術革新ではありません。企業は、熾烈な競争に勝ち抜くために、消費者のニーズに合

ういいものを提供しようとします。少しでも多くの利潤を獲得できる分野への進出、ないしは新分野の開発を虎視眈々とねらって日夜、不眠不休で技術革新にはげみます。

　あらゆる企業は生き残りをかけて、いわゆる技術革新をおこなって熾烈な競争をしますが、そのために必要な資金は、獲得した利潤から、それで足りなければ、銀行借入や株式・社債の発行などによって調達します。

　それに対して、イノベーションは、資本主義を繊維工業・鉄道から重化学工業に移行させ、現在では、最先端のIT（情報技術）・AI（人工知能）・生成AIなどハイテク産業の興隆をもたらしています。アメリカは、今のところ好景気を謳歌しています。

　重化学工業までのイノベーションは、それまでに世の中になかったようなものを研究・開発して製品化し、膨大な先行超過利潤を獲得しようとする企業者（起業家）によって担われました。失敗した企業者は、マーケットからの退場を迫られます。市場メカニズムが冷酷なまでに貫徹しているからです。

　何万人という企業者のうち、ほんの数人が画期的な作業機を製作し、膨大な超過利潤を獲得できました（プロダクト・イノベーション）。その後、鉄道、自動車、電気器械、ディーゼル・エンジン、化学製品などを開発・製品化した企業者は、巨額の超過利潤を獲得できました。資本主義を大胆に発展させたのは、こうした企業者ですが、当たれば大金持ち、負けたら無一文という「一発屋」だったといえるでしょう。おかげで、経済・賃金格差は厳然として存在するものの、資本主義諸国の国民の生活水準は向上していったのです。

　じつは、このイノベーションは、重化学工業で終わりとなるはずでした。現在では、明白なことなのですが、重化学工業に続くイノベーションは、企業者という個別の技術者のレベルで達成できる代物ではなかったからです。ところが、皮肉なことに、世界史は、重化学工業でイノベーションが終わり、とはさせなかったのです。

　資本主義が重化学工業の生産力段階に到達し、独占（寡占）資本主義が支配的になると、独占資本は、より多くの利潤を求めて外国に進出して軋轢を生み、植民地分割のための世界戦争が勃発しました。残念ながら、世

124　第2部・補論　日本経済と大学の教育・研究

界を巻き込む戦争となったのは、重化学工業が支配的となり、船舶・自動車・航空機・武器・弾薬などの性能が飛躍的に「向上」したからです。

2度の大戦と戦後の米ソ冷戦と現在の米中冷戦という世界戦争で、科学・技術・軍事技術が飛躍的に「発展」しました。ここに、21世紀に入ると米中を中心に、ハイテク・イノベーションが進展し、経済が発展する根拠があります。重化学工業で終了したはずのプロダクト・イノベーションが、米中において国家主導で推進され、膨大な国家資金、科学者と技術者の総力を投入して進められた帰結なのです。

地球環境が絶望的なまでに破壊され、科学・技術は、遺伝子組み換えという「神」の領域を侵食し、ひとびとは、バーチャルな世界と現実の世界の見分けがつかなくなっています。AIの深化により、人間を超えることが危惧されるまでにいたっています。しかも、経済・賃金格差が絶望的なまでに拡大し、難民排斥などを叫ぶ極右勢力が世界中で台頭しています。

2) 日本の果たすべき役割

現在進行中の米AIイノベーションは、新しい、まだ知られていない財・サービスの生産によるもので、プロダクト・イノベーションです。GAFAM（グーグル・アマゾン・旧メタ・アップル・マイクロソフト）などがリーディング・カンパニーとなり、生成AIなどによって、経済・経営システム、生産・流通・企業経営などが質的に大転換しつつあります。

これは、現在の米中冷戦下で、国家が総力をあげて国防費を投入して科学・技術開発を進めてきたことによるものです。改革・開放政策で日米欧の製造業の技術を吸収してきた中国は、膨大な国防費を軍事技術開発に投入しています。アメリカに派遣した優秀な人材を最先端技術開発に従事させ、中国にもどして軍事技術開発に専念させています。AIなどは、それ自体が最先端の軍事技術だからです。ここに、重化学工業との根本的違いがあります。

ヨーロッパは、戦後一貫して新しい販路の開拓、すなわち、市場統合が実現した欧州連合（EU）と通貨が統合されたユーロ圏（ユーロを導入した国）の形成を推進してきました。ヨーロッパは、経済・通貨共同体を結成・推進することによって、平和で豊かな世界を希求してきました。新し

第1章　日本経済の再興に向けて　125

い販路の拡大というプロダクト・イノベーションを進めています。

　欧米のような資本主義「発展」の道を歩めなかった日本は、高品質・高性能・高機能のいいものづくりを続けなければなりません。2023年から24年にかけて、アメリカでは、AI・半導体バブルで株価は高値となっています。しかし、製造業は衰退し、USスチールなどは、日本企業に身売りしようとしています。大戦前には、考えられなかったことです。国際競争力なき製造業で、アメリカ経済はいずれ疲弊します。日本は、IT・AI・生成AIなどをあくまでも、高品質・高性能・高機能のものづくり、企業経営の合理化・効率化に役立てることが大事なことなのです。

　IT・AIを有効な地球環境保全といいものづくりに役立て、開発途上国への技術移転といいものづくり産業の育成支援をおこなうことで、地球環境保全と開発途上国の生活水準の向上、世界平和に大いに貢献することができるのです。

　これこそが、平和国家日本の現代世界における生きる道なのです。

第3節　日本の経済成長

1）戦前日本の近代化

　ドイツは、1840年代に産業革命を開始しましたが、それは、同時に重化学工業を構築していくプロセスでもありました。ドイツには、かろうじて自立的に重化学工業を構築する時間がありましたが、日本にまったくその余裕はありませんでした。一国の自立的な再生産構造を確立することは簡単なことではないし、うまくいくものでもないことは、世界史をみればあきらかです。

　日本は国力増強を、海外に資源とマーケットを求めることによって、しかも、経済メカニズムを無視して遂行しようとしました。自立的な重化学工業を構築する時間も余裕も、ましてや資金も乏しかった日本にとって、軍事力の強化、そのための軍事関連重化学工業への特化という方向しか残されていなかったのです。鉄鋼、石炭、機械、造船、化学などの産業も、軍艦や大砲・銃器、火薬の製造などのために、国家主導で構築されました。官営製鉄所や、海軍工廠・陸軍工廠が国家資金で設立されました。

官営企業であれば、利潤原理・競争原理が働かなくてもかまいません。ひとたび戦争が勃発すると、国家が武器や軍需品を大量発注しますが、納期さえ守ってくれれば、請求書の価格は桁が違わなければよかったといいます。こんなことで、企業の競争力など高まるはずもありません。

帝国主義というのは、重化学工業製品を売却して利益を上げるために、植民地経営をおこなうという政治形態であると考えられます。「札束」で植民地を支配するということです。ところが、戦前の日本は、「普通」の帝国主義国にすらなれませんでした。植民地でまともに売れるものがなく、原料を購入するにも交換可能通貨がなかったからです。

大学でのゼミの指導教授は、戦前の化学製品の輸出トップは蚊取り線香だといっていました。ドイツで輸出されていたのは、染料や化学肥料など高度の化学製品でした。ですから、戦前の日本は、「やらずぶったくり似非帝国主義」にしかなれなかったのです。

軍事力を増強して海外に進出し、そこから原材料をタダ同然で持ち帰り生産をおこないました。経営効率を高めてコストを削減し、可能なかぎり多くの収益をあげるのが資本主義企業ですが、日本の官営企業はもちろん、民間企業もほとんど国際競争力はありませんでした。外国の重化学工業設備を購入する資金は、唯一、アメリカに売れた生糸の輸出によって調達するしかありませんでした。

寄生地主制と財閥制度によって、国民の大多数が極貧のもとにおかれたこともあり、国内にはまともな消費市場はありませんでした。渥美清主演の映画「拝啓天皇陛下様」にリアルに描かれたように、東北の小作人出身兵士は、軍隊に入ってはじめて3度の食事で白米を食べられると喜ぶ時代だったのです。食べたことなどなかったカレーが出ると、こんなうまいものを田舎の妹に食べさせたいと、泣いたといいます。東北出身の筆者はよくわかります。

相対的に強力な軍事力で植民地を制圧し、植民地から原材料をタダ同然で収奪し、その植民地で、日本国内で生産した粗悪品を高く売ってはじめて、戦前の日本資本主義が成立しえました。植民地は、まさに戦前日本の文字通り「生命線」だったのです。ですから、欧米列強と植民地争奪戦が可能となるだけの軍事力・軍事技術水準が要請されました。欧米諸国もア

ジア諸国に進出していたからです。

　日本は、資源のほとんどを軍需生産に投入することによって、航空機製造技術や建艦技術、戦車・大砲・銃器製造技術などでは、じきに世界水準にキャッチアップしました。武器・弾薬などで世界水準にキャッチアップしなければ、戦争などできなかったからです。ただ、問題は、最先端の技術では、欧米に著しく劣っていたことです。

　輸入技術による軍需生産でしたので、第2次世界大戦に突入すると敵国のアメリカだけでなく、同盟国のはずのドイツからも最先端技術の導入が途絶えると、軍事技術は相対的に劣化していきました。伍長あがりのヒトラーは、日本人を「黄色いサル」と蔑んでいたのです。

　このように、戦前の日本は、欧米で進行したような近代化のプロセスをたどることはできませんでした。しかも、戦争遂行のために軍国主義が日本を支配しました。

2）戦後の経済成長と停滞

戦後の近代化

　戦前日本の侵略的な「似非帝国主義」といういびつな経済構造の必然的帰結は、アジア諸国への侵略戦争であり、無謀なアメリカとの戦争でした。敗戦によって、300万人あまりのひとびとが犠牲となり、国土は焦土と化し、「大日本帝国」は崩壊しました。これが、戦前日本のグロテスクな「近代化」の冷酷かつ戦慄すべき帰結なのです。

　第2次世界大戦後、「社会主義」国がソ連邦一国から東欧・中国・北朝鮮・ベトナム・キューバに広がり、いわゆる「社会主義」体制が成立しました。敗戦を契機に、日本は、ようやく「人工的」とはいえ、戦前とくらべれば、はるかにまともな近代化のプロセスをたどることができました。借り物ではあれ、民主主義もある程度定着しました。

　軍需工業を中心とする戦前日本の重化学工業は「屑物件」として放棄され、鉄鋼・金属・機械（精密機械・工作機械など）、自動車、電機、化学などの従来型の重化学工業を構築しました。他方、最先端の軍事産業はじめ、コンピューターやエレクトロニクス、航空・宇宙技術、原子力開発などのハイテク産業は、アメリカが独占しました。

これは、冷戦体制下で資本主義体制の盟主に躍り出たアメリカが、「社会主義」体制の頭目ソ連邦に軍事的に対抗するために、みずからの産業を軍事・ハイテクに特化し、民生用重化学工業をアジアの日本とヨーロッパの旧西ドイツに担当させるという「体制維持国際分業体制」が構築されたことによるものです。

　おかげで、日本は、民生用重化学工業の構築に専念できましたので、1955年から70年代初頭まで、世界史にも例をみないような高度経済成長を実現することができました。平和国家として軍事力強化もまぬがれました。所得格差が縮小し、「一億総中流」社会が実現したといわれました。明治維新以来の悲願である近代化と「富国」を実現したといえます。

バブル崩壊による長期不況

　高度経済成長が終了すると、欧米への集中豪雨的輸出（外需）と公共投資（内需）によって、安定成長が実現しましたが、1980年代中葉から資産バブルに見舞われました。

　1990年代に入るとまもなくバブルが崩壊し、株価と地価が暴落しました。不動産融資にのめり込んだ銀行など金融機関は、膨大な不良債権、企業は過剰債務・過剰投資・過剰雇用の償却に専念しなければなりませんでした。政府の公共投資と日銀の超低金利政策のおかげで利益が上がっても、銀行は、企業に貸し付けた不良債権、企業は、過剰債務の償却にすべての利益を投入しなければなりませんでした。

　銀行は、バブル期以来の株式含み益で不良債権を償却できましたが、1997年には、株価下落で含み益もなくなり、企業は、資金需要部門から資金供給部門に転換しました。銀行に不良債権処理の原資が枯渇し、企業の資金需要もなくなり、日本は、1929年世界恐慌以来のデフレ経済に突入したのです。デフレ克服には、経済構造改革と経済成長政策が不可欠ですが、政府はまったく無関心で、もっぱら日銀にデフレ脱却の責任を転嫁しました。

　デフレが続きますので、企業としても賃上げする必要はありませんでした。デフレで物価が下がれば、名目賃金が上がらなくても実質賃金が上昇するからです。労働組合も賃上げより雇用の確保を企業に要請しました。

第1章　日本経済の再興に向けて　129

企業・銀行は、政府の公共投資と日銀の超低金利政策のおかげで獲得した儲けを、もっぱら過剰債務・不良債権の償却に投入しましたので、利益ゼロでも生き延びることができました。日本は、もはや「資本主義」ではなくなり、イノベーションなど起こるはずもありませんでした。研究開発への投入資金、設備投資資金がなければ、デジタル化など推進されるはずもありません。

3）日本経済を取り戻す

ドイツに抜かれる日本

　日本は2023年、ドル換算でついに名目GDP（国内総生産）でドイツに抜かれました。1968年以来、55年ぶりのことです（もちろん、円安によるものですが）。名目GDPは、1960年代初頭にイギリス（UK）を、そしてドイツを抜き去り、明治以来の悲願であったヨーロッパを追い越すことができました。アメリカに次ぐGDP世界第2位に踊り出たのです。

　なぜ、GDPで日独逆転となったのでしょうか。それは、本質的には、第2次世界大戦後に構築された政治・経済システムと経済成長軌道の根本的差異によるものであると考えられます。もちろん、長く続くデフレで物価が低迷するとともに、日銀の異次元緩和で、1ドル160円前後までの円安となり、ドル換算でのGDPが激減してきたからですが。

　過度の円安の是正でただちに逆転します。ところが、日銀は、異次元緩和を継続して円安を放置しました。膨大な為替差益を獲得する輸出企業は、円安をあまり批判しません。円高には悲鳴を上げるのに。

ドイツの市場拡大型経済成長

　米ソ冷戦の最前線となった西ヨーロッパは、「社会主義」体制に対峙するため、すみやかな政治的・経済的対応を迫られました。まもなく、経済部面ではECSC（欧州石炭鉄鋼共同体）、軍事部面ではNATO（北大西洋条約機構）が設立されました。経済統合は、EEC（欧州経済共同体）、EC（欧州共同体）、EU（欧州連合）と拡大・深化し、ついには1999年、政治統合に踏み込むユーロ導入が実現しました。

　欧州統合がユーロ導入にまでいたった主たる要因は、次のとおりです。

1つは、戦前のドイツが、米英仏ソの戦勝4か国によって、「社会主義」・東ドイツ（DDR）と資本主義・西ドイツ（BRD）に分割されたことにあります。戦前のドイツ経済圏の東ヨーロッパと東ドイツ農業地帯が「社会主義」化されてしまいました。農業地帯とマーケットを失いましたので、本来であれば、西ドイツの経済構造は、いびつなものになるはずでした。分割国家ですので、日本のようにアメリカ依存型経済を選択することもできませんでした。

　分割国家・西ドイツは、西ヨーロッパの経済統合に参加することで、経済の発展した西ヨーロッパをドイツの新たなマーケットにすること、フランス農業に依存することもできました。欧州統合に参加することで、国際競争力を有する重化学工業が集積する西ドイツは、「域内輸出」中心の高賃金・高福祉国家（ただし高負担）の構築ができたのです。

　もう1つは、ドイツの侵略戦争と戦前・戦時のユダヤ人迫害（ホロコースト）です。重い「十字架」を背負った分割国家西ドイツにとって、侵略戦争とホロコーストを真摯に反省しなければ、西ヨーロッパのなかで生き延びることはできませんでした。ドイツの反省が真摯なものかについては議論もありますが、西ドイツは、少なくとも西ヨーロッパ諸国に、反省しているということを理解してもらわなければ、政治的にも経済的にも存立できませんでした。

　3つ目は、NATOの結成で西ヨーロッパ諸国とアメリカが、「社会主義」体制に対して集団的自衛権を行使できるようになったことです。西ドイツは、過度の軍事負担から解放され、戦前来の重化学工業にもとづく経済成長に専念することができました。日本と同じです。

　アメリカとソ連邦が、国内に広大なマーケットを有する大陸国家であるとすれば、経済を統合した西ヨーロッパのドイツは、準「大陸国家」構成国となったといえるかもしれません。戦後、欧州統合がダイナミックに進展し、ついには、世界史の上でも例をみない、発達した資本主義国間での通貨統合（ユーロ導入）が実現しました。

　1990年に東西統一したドイツ（BRD－旧西ドイツ基本法〈憲法〉にもとづく旧東ドイツの併合）は、2000年代初頭に経済構造改革（ハルツ改革）を断行し、2011年に開催されたハノーバー・メッセ2011では、製造業の

IoT（モノのインターネット）をつうじて、産業機械・設備や生産プロセス自体をネットワーク化する構想が提示されました。インダストリー4.0です。

2009年10月には、ギリシャ危機が表面化し欧州債務危機が勃発しました。危機に際して全面的な金融支援に乗り出したのが、IMF（国際通貨基金）とドイツでした。ドイツは、債務危機に陥った国に対して、金融支援と引き換えに厳しい歳出削減と増税を迫り、EU全体の財政構造改革も進みました。債務危機でユーロ安となったおかげもあり、ドイツは、域外貿易で膨大な為替差益を獲得し、2015年には、なんと単年度の財政黒字を実現しました。

このように、ドイツは、準「大陸国家」EUにおいて、経済構造改革を進め、輸出主導の経済成長をおこなうとともに財政健全化も実現することができました。ドイツは、これからも健全財政のもとで、地球環境保全と社会的市場経済原理（ドイツ型福祉国家）にもとづくEUの「基軸通貨国」として生きていくでしょう。ただ、ドイツはGDPにはあまりこだわっていないようです。地球環境が保全され、平和で豊かで、福祉が充実し、格差の少ない暮らしやすいヨーロッパの実現が、戦後ドイツの国是だからです。

それでは、日本は？

アメリカ依存の日本

非「大陸国家」・日本は戦後、アメリカ依存型経済を構築しました。アメリカは、米ソ冷戦の東の最前線・日本を「社会主義」体制の防波堤とするため、最新鋭の重化学工業を移植・創出しました。1970年代初頭まで、世界史のうえでも稀にみる高度経済成長が実現できたのはそのおかげでもあるのです。

高度経済成長が終焉すると、成長持続のために、欧米諸国に集中豪雨的輸出攻勢をかけたことで、貿易摩擦を激化させてしまいました。そこで、内需主導型経済に大転換しようとしたのですが、結局は、資産（不動産）バブルを招来しただけのことでした。

バブル崩壊不況は、高度経済成長と輸出・公共投資主導型経済成長の終焉を告げる大不況であり、経済成長構造の根本的転換を迫りました。すな

わち、アジア共同体の結成、地球環境の保全、生産から分配への大転換による所得格差の是正、福祉・教育の充実などによる、くらしやすい日本の実現です。もちろん、中国を含むアジア共同体の結成など今でも不可能ですので、日本は、それを選択しませんでした。

バブル崩壊大不況でも、財政出動による公共投資と日銀の超低金利政策を続けました。抜本的な大不況克服策ではありませんでしたので、財政赤字の累増、企業収益の悪化で研究開発もさほどおこなわれず、賃金も上がらず、経済は長期停滞に陥りました。ドイツでは、経済・財政構造改革、イノベーションと賃上げなどがおこなわれ経済が成長しました。

これから日本が進むべき道は、IT・AI などのデジタル経済で米中、ヨーロッパと張り合うのではなく、頑ななまでに、より安価でいいものづくりに徹することです。そのためにデジタル技術を活用するということで、逆ではありません。環境に配慮してより安価でいいものづくりの技術を開発途上国に移植・創出することで、開発途上国の経済成長とひとびとの生活水準の向上に寄与します。

これが、平和国家日本の真の国際貢献であって、けっして軍事力の強化ではありません。

技術立国の再興

日本を技術立国として再興させる大前提は、かつてのように、じっくりと基礎研究をおこなえる大学にもどさなければならない、ということにほかなりません。

戦後日本が高度経済成長を遂行できたのは、アメリカなどの斬新な科学技術を改良してきたことによるものです。ただ、半導体や光ファイバーなどの発展は、西澤潤一先生たちの涙ぐましいご努力のおかげです。多くの大学研究者は、現在でも日本経済の発展のために尽力されていますが、文部科学省による基礎研究への資金は雀の涙ほどです。一見、ビジネスチャンスがありそうな研究企画に、資金が重点配分されているからです。

ビジネスチャンスがありそうな企画が提出されれば、採用の可能性が高まりますが、それは、あくまでも「願望」によるものが多いようです。実際に、企業や大学とのベンチャー企業が大きな利益を生み出すことや、成

果が経済をダイナミックに成長させることは稀です。

　短期で研究成果を出すのが難しい基礎研究者が、安心して研究に専念できるためには、身分保障が絶対不可欠なのです。かりに、任期付きで採用されたとしても、任期切れには、学会の専門家からなる厳格な研究業績審査をおこない、業績を上げた教員・研究者は再任されるべきです。その際、基礎研究の専門家も審査に入らなければなりません。

　大学での基礎研究を重視しないと科学・技術は発展しません。日本の大学は、欧米の大学などよりも、基礎研究にあてる研究費の比率はかなり低いので、次のような提案をしてみましょう。

　むこう30年間を技術立国再興特別期間にとして、毎年2兆円規模の基礎研究基金を設定し基礎研究者に重点配分します。30年で60兆円となります。これを基礎研究債（30年物超長期国債）の発行により調達します。償還開始の30年後には、技術立国が再興され年2兆円以上の税収増が見込まれます。おもに、生命保険会社や年金基金など機関投資家に保有してもらえばいいのです。生保や年金基金は、日本の将来に期待して投資するからです。

　アメリカのように、日本の富裕層が財団を設立し、基礎研究への研究助成をおこなっていただければ、技術立国の再興に大いに貢献します。

　大学の基礎研究の審査は、コネや学会のボスや超有力大学の審査員ではなく、専門的見地から客観的かつ公正に判断できる審査員によっておこなわれなければなりません。もちろん、審査に際して、申請者の所属と氏名は完全に伏せられなければなりません。申請者の所属と氏名が明記された研究計画書が審査されると、「コネ」審査になってしまう危険性が高いからです。しかも、誰が審査員かは、学会誌のレフリーのように他言無用にしなければなりません。

　利益を追求しない大学での基礎研究、利益を追求する企業での製品化開発というかつての日本に戻さなければなりません。

注

(1) ウルリケ・ヘルマン著、猪股和夫訳『資本の世界史』太田出版（2015）

(2) 同上

(3) J.A. シュムペーター著、塩野谷裕一・中山伊知郎・東畑精一訳『経済発展の理論 上・下』岩波文庫（1977）

第2章

経済の生命線——大学の基礎研究

第1節　国立大学法人化と規制強化

1）大学への規制強化

戦後4度の規制強化

　1948〜49年の新制大学の発足、1991年の大学設置基準の大綱化にともなう一般教養課程の廃止、同年に事実上はじまった大学院重点化政策、2004年の国立大学法人化、そして、現在おこなわれている国際卓越研究大学の選定、と4度の大変革がおこなわれました[1]。

　大学では、高校のような授業の繰り返しは必要ないとして一般教養課程が廃止され、大学入学後、ただちに専門科目を受講できるようになりました。しかし、大学は、もっぱら技術だけをたたき込む教育機関ではなく、先行研究を学び、真理を探求し、論理的思考を養い、問題の所在を見極めて分析し、解決する方法を導き出す能力を育成する教育機関です。

　そのため現在では、社会・人文科学だけでなく、自然科学を専攻する学部でも、哲学・倫理学・論理学、文学、歴史、心理学、文化・芸術（とくに絵画）などの教養科目の重要性が再認識されています。自然科学専攻でも教養科目の履修によって、人間として必要な教養はもちろん、論理的思考・推論、歴史的考察、人間の感性などを学ぶことによって、専門性がさらに深化するからです。

　筆者は、ある大学の理工学部で日本経済論を担当したことがあります。経済成長とイノベーションの役割を講義し、「技術の進歩がかならずしも

ひとの幸せにつながるとはかぎらない、ひとを不幸にする技術の開発はしないで」というと学生は真剣に聞いてくれました。

　大学改革の国家主義化が始まったのは、全教職員が非公務員化された2004年の国立大学法人化以降のことであり、国際卓越研究大学制度が、大学改革の国家主義化を極端に進めることが懸念されます[2]。

大学改革の国家主義化

　国立大学法人化によって、国立大学に交付される運営交付金が年々削減され、かわりに研究・プロジェクト型の時限付き補助金である競争的な研究費・教育費が増額されました。運営交付金が減少したこともあって、教員研究費・出張費が激減し、教職員の非正規雇用が激増しました。

　2012年末に第2次安倍晋三政権が誕生すると、大学政策の主導権は文科省から内閣府に移りました。2014年の法改正で、教授会は、学長の諮問事項にたんに意見を述べるだけの機関になり下がりました。

　国際卓越研究大学（卓越大学）制度は、次のように深刻な問題をはらんでいます[3]。

　　　第一、卓越大学の認定には、時の政権の意向が強く反映され、学術専門家の意見が従来になく軽視される。第二、大学単位で認定される卓越大学制度は、分野・学会単位で動いている学術研究の論理を無視している。第三、大学間格差や高等教育の地域間格差をいちじるしく拡大する。第四、大学ファンドが目標とする運用益をえられない。第五、もっとも深刻な問題であるが、事業成長率3%の実現のために「稼げる」研究が偏重される。第六、卓越大学で設置される合議体（最高意思決定機関）は、政官財の学外の出身者が過半数を占め、研究・教育組織を支配してしまう。

大学の自律性

　文科省による大学の国家主義化は、安倍元政権のもとで加速してきましたが、ドイツでは、あるいはおよそヨーロッパでは、大学の自律性が極めて重視されています[4]。

「自由な発想と実践を許す環境こそがすぐれた教育を生み育てるというのは、いわば高等教育の公理となっている。逆に、日本のように交付金額あたりのトップ10％論文（他の論文に引用される頻度が各分野で上位10％に入る、質の高い論文）の数を予算配分の指標にするなどという考えは、ドイツには見られない。資源の投入量を加減すれば生産量を左右できるというのは、学術とは無縁な工場的発想だということになる」のです。

筆者は、かつて調べたことがありますが、ドイツのギムナジウム（大学進学校）では、生徒にテーマを与え、それぞれの考え方をぶつけあう討論会がおこなわれていました。持論が理路整然としたものであれば、たとえ政権批判であったとしても、学校批判であっても許されたようです。日本のように、政権批判はもちろん、学校批判が封じられることもなかったのでしょう。

2）大学の現場にて

法人化への移行

筆者は、ちょうど国立大学法人化のときに、国立大学に勤務していました。安倍元政権により大学改革の国家主義化が強化される前のことでした。ですから、法人化が始まっても、ほとんど実感はありませんでした。ただ、それまではなかった雇用（失業）保険料の支払いを給与明細にみつけたときに、ああそういうことかと実感しました。

学長の諮問機関が設立され外部の人が入ってきましたが、ほとんど変化はありませんでした。

ところか、ある朝突然、隣県の大学と統合することをテレビのニュースで知りました。もちろん、合併ですので秘密裏におこなうのは当然ですが、それにしても、なぜだ？　とほとんどの教員が憤慨しました。どうも、先方は、国立大学医学部のない当方と合併して、医師会を牛耳るためでは、と囁かれていました。真偽のほどは不明ですが。

合併が発表されるや学内は、ハチの巣をつついたような騒ぎになりました。教授会では、ほとんどの教員が反対を表明しました。学長を教授会によんで真意を追及しましたが、合併意図は、まったくはっきりしませんでした。先方の県の医師会から接待を受けて合併を安易に受け入れたのでは、

とまことしやかにいわれたものです。

その頃おこなわれた学長選考の意向投票（教員から選挙権は奪われていましたので）では、ほとんどの教員は、合併反対をとなえる某大学学部長経験者に投票しました。もし、外部者の入る学長選考会議で、他の候補が決定されてしまったら、教員による全学ストライキがおこなわれていたかもしれません。当時は、まだ教員の意向が尊重されていたのです。ところが、またしても新たな問題が生じました。

某名誉教授が新学長を誹謗中傷しており、名誉教授号を剥奪すると言い出したのです。誹謗中傷なのかは明確ではなく、名誉教授号剥奪の明確な規定もないのに剥奪するのは規定違反です。それを阻止すべく教授会で、大学の顧問弁護士に法的根拠がないと新学長に言ってもらうよう学部長に要請しました。このときも、学長選考の意向投票で選ばれた経済学部の学部長が学長に就任しました。学長の任期は2期までですが、教員は、1期でお払い箱にしたのです。

この前学長が経済学部に大学運営についての方針を説明にきたことがありました。学長は、「私は、大学をどうしたらいいかというプランを持ち合わせていない」というので、大声で、「だったら、辞めろ」とヤジを飛ばしたら、「誰だ」と大声で怒鳴られてしまいました。

経済学部長が新学長に就任しましたが、直後に、これからは、医学部のない国立大学は、淘汰される可能性があるので、文科省が医学部の新設を認めていない以上、県内の私立医科大学を買収したらどうですかと提案してみました。1教員の提案など取り上げないだろうと思っていました。ところが、しばらくすると新学長は、「以前に某大手私立大学が買収を検討したが、債務が多すぎて断念した、われわれも、とても買収などできない」とのことでした。県内の医療事情は最悪なのに！

大学教員が、まだ、大学の教育・研究に責任をもつという、「牧歌的」な時代だったのかもしれません。

大学の研究・教育の一端

ここで、かつての同僚などから聞いたエピソードをいくつか紹介してみましょう。

ある大学の教授会で名誉教授号授与の審査をしたときのことです。名誉教授号の選定基準は、かつては、教授在任20年だけでした。教授会に経歴書と業績一覧が提出されると、審査途中にある教員が、「教授就任以降の業績が抜け落ちている」と奇声を発したそうです。教授会は静まりかえりました。なぜなら、抜け落ちているのではなく、教授昇任以降、研究業績が１つもなかったのです。学部長は、なんとかとりなして教授会の承認を取り付けたといいます。

　大学の専任助手から専任講師、専任講師から助（准）教授、助（准）教授から教授への昇任には、厳しい規定があり十分な経歴と研究業績が必要とされます。ところが、いったん教授に昇任すると、他大学に転出でもしないかぎり研究業績の審査はありません。現在ではたとえば、過去５年間の研究業績を学内の紀要に掲載するようになっていますが、掲載は義務ではなく、業績がないからといって降格や減給などの処分はおこなわれません。

　かつてある大学で併設の短大の廃止にともなって、学部が短大の教員を引き受ける審査をおこなったときのことです。短大では教授でも、規定上は、大学では教授として採用できませんでした。大学の昇任規定と異なるからです。審査の主査が人事委員会で、大学では助（准）教授でしか採用できないというと、同席していた事務職員がそれでは困ると真っ青になったといいます。それは（降格）処分で、処分するには、処分する理由が必要だからとのことです。なんとか規定を拡大解釈して昇格させたようです。

　あるとき、教授への昇任審査がおこなわれましたが、業績が十分なのに、昇任はできないという審査担当教員がいました。なぜかと問うと、教授に昇任できるのは40歳以上だからと。質問した教員は同じ専門分野でしたので、十分かつ質の高い業績があるのになぜだ、40歳以上という規定はあるのかと聞くと、その教員は慣例だといったそうです。「優秀な教員はどんどん昇任させるべきだ、若手教員の励みになる、アメリカでは20歳台でも教授になれる」と言ったら昇任が認められたそうです。ちなみに、審査対象教員は当時39歳。

　ある大学の教員公募で採用候補となったものの、研究業績からみて採用したい人物ではありませんでした。どうも、当該科目の「ボス」が「仲間」

140　第２部・補論　日本経済と大学の教育・研究

を候補にしたようです。ほかにかなり優秀な応募者が複数いたようですが。この大学の教員採用には、教授会の過半数の賛成が必要ですので、過半数の反対が出ることは稀です。「特別決議」のためか、３分の２以上の賛成という大学が多いようです。ところが、教授会では、侃々諤々の議論がおこなわれ、反対が過半数を超えたといいます。

　またある大学の定期試験で、答案用紙に自動車の写真を数枚印刷して、車種を述べよという問題が出されたことがあったといいます。当然、試験後、学生から抗議が殺到しました。そこで、学部長が、専門に近い教員に再度試験をおこなってもらったそうです。

　これらの事例は、ごく稀なことです。とはいえ、残念ながら、研究をしない教員が少なくないこともまた事実です。週６コマ程度講義し、教授会や各種委員会に参加すれば、国家公務員並みの給料を得られます。研究業績のない教授でも定年まで勤めあげられるのです。もちろん、現在では、そのような教授は、名誉教授号を獲得しづらくなってはいるのですが。

　近年、文部科学省は、実務家教員の採用を奨励しています。実務家教員は、実務に精通し、講義でも学生の受けは比較的良好です。とはいえ、大学は専門学校ではありません。とりわけ、大学院博士後期課程修了教員は、しっかりと理論・実証研究などをおこなっていますので、大学には必要不可欠なのです。

　大学の教授は、裁判官の再任制度のように、（10年ではなく）５年ごとに研究業績審査をおこない、研究業績のない教授は、再任されないということも必要なのかもしれません。

　筆者が勤務した大学では、文科省の科学研究費の申請が奨励され、申請すれば、学部から数万円の研究費をもらえました。ですから、毎年申請しました。あるとき、申請書に「本研究の価値は、科研費の審査員には理解できない」と書いたことがあります。申請書は、提出前に大学本部の形式上のチェックを受けますので、審査員に喧嘩を売るような申請者はいません。当然、ここは、削除せよと言われ削りました。削除しないと申請させないと言われかねなかったからです。

　だいぶ前、筆者が、ある出版社に純粋持株会社に関する出版企画を提出したら、将来のことなので、誰も買わないと断られたことがあります。も

ちろん、レベルが低く、出版の断りの口実だったのですが。その後、しばらくして純粋持株会社が部分解禁されました。多くの事業会社が純粋持株会社を設立し、金融機関が、金融持株会社（三菱 UFJ フィナンシャル・グループなど）を設立したことで、銀行再編が急激に進みました。直前に別の出版社から出版していただきましたが、専門書としては売れたほうです。

第2節　学問の自由と基礎研究

1）大学学長アンケート

　文部科学省は2022年11月、「国際卓越研究大学制度」の基本方針を発表しました。「中央公論」編集部は、当事者である全国25大学の学長が、同制度をどう受け止めているかアンケートを実施しました[5]。肯定的意見が中心ですが、同制度への懸念を表明する学長も少なくありません。いくつか大学別にみてみることにしましょう。

　北海道大学 – 国際卓越研究大学のみに資源が集中すれば、国全体としての研究力が低下する危険もあり、適切な政策の舵取りを強く求めたい。

　筑波大学 – 中間層の大学への研究支援がなければ、国全体の研究力強化にはつながらない。

　慶応義塾大学 – 民主主義・資本主義・安全保障・人権といった社会基盤の不安定性が増す現代のグローバル社会において、本学は民という立場から、主権国家日本としての百年の計と、世界の平和と繁栄を支える任務を担う。（中略）大切なことは本制度を活用することによって、本来の特徴を失うことなく、教育・研究制度が大きく発展できるかということだ。

　芝浦工業大学 – 国の方針として、いろいろな施策を展開することはいいが、それを実施する大学、あるいは大学教員が疲弊しないよう配慮を求めたい。実際、大学改革疲れが出ているように感じる。

　電気通信大学 – 申請の前提条件となっている「外部委員によるガバナンスボード」「事業成長（年3% 程度）」などは大学の多様性や自由を奪う危うい制度である。（中略）長期的な視点での政策が決定的に欠けており、

142　第2部・補論　日本経済と大学の教育・研究

わが国の将来を危うくしている点を指摘したい。（中略）より重要な点は、わが国の将来像を描き、それを実現するための高等教育のあるべき姿を導き、政策に落とし込むことである。

東京医科歯科大学 – 若手研究者の自由な発想による萌芽的研究にも手厚く継続的に支援できる環境を整備することで、大学全体の長期的な研究力向上につながる可能性がある。

東京工業大学 – 改革を目指す大学を応援するという国、文科省等の姿勢はありがたいが、いろいろと注文が多い点が懸念。もう少し大学を信頼していただきたいというのが本音のところ。

横浜国立大学 – （同制度で）大学間の格差がさらに拡大するように感じている。

金沢大学 – 「稼げる」研究分野が重宝されるようになることは明白である。基礎研究分野や、人文科学分野に代表されるような、中長期的な視点を持つことが重要な研究分野が存在することも忘れてはならない。（中略）本制度によって、各大学が目先の利潤を追い求めるあまり、中長期的にはかえって日本全体の研究力の低下につながることのないよう、基礎研究分野・人文科学分野にも配慮が行き届いた制度設計を構築すべきと考える。

名古屋大学 – 大学がイノベーションや社会課題解決の起爆剤となるためにも、研究者の自由な発想による研究の振興が重要であると考えるので、支援をお願いしたい。

豊橋技術科学大学 – 競争的資金を増やし、国内の大学の競争心を煽り、教職員を疲弊させないでほしい。国内で戦うのではなく、世界と勝負することが今の日本では一番大切。（中略）日本の最上位数校だけでなく、上位、中位校をもっと支援すべきである。

大阪大学 – 構成員の一人ひとりが目先の成果にとらわれず、自由な発想により生き生きと研究に没頭できる環境を目指し、全ての研究者が多様な基礎研究に取り組むことができる確固たる基盤構築を目指している。

広島大学 – 研究者個人の自由な発想に基づく研究ができる環境を維持・発展させていくことが重要と考える。（中略）資金確保・運用をはじめ、さらに裁量の幅を拡大すべきと思料している。

熊本大学 – 本制度の要件として、意思決定を行う合議体の過半数を学外

者とすることや、事業成長（年３％程度）を果たすことが挙げられており、利用することは現実的に厳しい。（中略）研究費は大学のみに着目して配分するのではなく、優秀な研究者に配分すべきである。（中略）様々な研究費の審査員の高齢化や固定化が日本の研究力の発展を阻害している感も否めない。審査員の人選の改革も重要だと思う。

2) 大学のあり方と基礎研究

学長の貴重な見解

阪大学長は、すべての研究者が、自由な発想によって、生き生きと研究に没頭できる環境をめざし、多様な基礎研究に取り組むことができる基盤構築をめざしていると述べています。これは、これからの大学のあり方を明確かつ鮮明に示しています。文科省は、この指摘を真摯に受け止めなければなりません。

北大学長は、国際卓越研究大学のみに資源が集中すれば、国全体としての研究力が低下する危険があるとの意見です。文科省は、世界の主要大学と互角に競争できる数校に資源を投入し、ビジネスに直結できるようになれば、日本の経済が再興できると信じているようです。しかし、筑波大学長が言うように、中間層の大学への研究支援がなければ、国全体の研究力は低下するとの指摘は重要です。

アメリカでは、最先端産業が経済成長を牽引しています。日本では、製造業などの実体経済が経済を支えています。製造業では、大学の基礎研究にもとづいて、企業がいいものづくりのための技術開発に専念します。そのためにも、ものづくりの分野に多くの優秀な人材が必要です。非卓越大の研究教育水準の向上が、ものづくり国家日本の生命線なのです。

金沢大学長は、「稼げる」研究分野が重宝される卓越大制度によって、各大学が目先の利潤を追い求めるあまり、中長期的には日本全体の研究力の低下につながるので、基礎研究分野・人文科学分野にも配慮した制度設計をおこなうべきと述べています。広島大学長は、研究者個人の自由な発想にもとづく研究ができる環境を維持・発展させていくことが重要と強調していますが、まったくその通りです。

電通大学長は、日本の将来像を描き、それを実現するための高等教育の

144　第２部・補論　日本経済と大学の教育・研究

あるべき姿を提示し実施をと主張しています。文科省に欠けているのは将来ビジョンであり、それがあれば、世界の大学に勝てないことなどどうでもいいことです。将来ビジョンの実現のために、世界の大学に学べばいいだけのことなのです。

熊本大学長は、さまざまな研究費の審査員の高齢化や固定化が日本の研究力の発展を阻害しており、審査員の人選の改革も重要だと提言しています。科研費の審査では、申請者の氏名が明示されているといわれるなど、客観性に欠け、審査員の選定も一部の大学に偏っているようです。ましてや、各種審査員に多くの財界人が入れば、それこそ「稼げる」あるいは「稼げると見込める」研究しか審査に合格しなくなります。人文・社会科学、基礎研究が壊滅します。

さまざまな研究費の審査員の高齢化や固定化が、日本の研究力の発展を阻害している感も否めません。審査員の人選の改革は極めて重要なのです。

不可欠な大学での基礎研究

技術立国日本が凋落した大きな要因の1つは、1990年代初頭の資産バブル崩壊による長期デフレ不況と95年の日米半導体協定、および大学での「稼げる」研究による外部資金獲得の推奨、基礎研究の軽視、大学教員の任期制導入などです。文科省による大学での基礎研究の軽視は、極めて深刻な要因の1つなのです。

もっとも、基礎的な研究は世界の多くの国で、おもに大学などの高等教育機関が担っているのですが、政府・文科省による大学での基礎研究の軽視は、この世界の潮流に真っ向から逆行するものです[6]。

基礎研究の成果は、公共財としての性格が強いのです。基礎研究は基礎的であればあるほど、実用化への道は遠く不確実ですので、利潤追求をおこなう企業にはできません。公的資金が提供される大学や政府機関がおこなうのがふさわしいのです。基礎研究は、ときとして革新的な技術を生み出しますのでおろそかにはできません。

大学は高等教育機関として、次代を担う研究者養成の役割も担っており、若者に卒業後数十年にわたる研究の発展についていけるだけの基礎を身につけさせなくてはなりません。

これらのことが、世界中の国で、大学が基礎研究の中心的担い手となっている理由なのです。

ブラック・ホールの研究が進めば、将来、世界のエネルギー問題の解決に資するのではないかという壮大な構想があるとも聞きます。

イノベーションを目標にかかげて、基礎研究をおこなうことは難しいことです。しかし、基礎研究の大きな広がりによってイノベーションは生まれます。もちろん、その確率は低いので、基礎研究の厚みがどうしても必要なのです。そのために、次代を担う人材を育てることが重要となっているのです。現状の日本では、基礎研究の大海から実用可能性の芽をすくい取って応用につなげる仕掛けが足りていません [7]。

文科省はもちろん、大学政策の前面に立つ内閣府には、大学の基礎研究を奨励し、その実用可能性を見極め、実際に実用化させていく政策が切に求められているのです。

3) 学問の自由は平和の大前提

苦労人の叩き上げ

菅義偉前首相は、秋田県の農家に生まれ集団就職で東京へ、という立志伝中の人物です。集団就職というのは、中学校を卒業したての子どもが、夜行就職列車で埼玉や神奈川や東京の中小企業に就職したことをいいます。菅前首相は、北海道大学をめざすも進学できず、東京に出てきたそうです。その後、法政大学に入学し政治家への道を進みます。

筆者も秋田県出身で、北大をめざすも能力・勉強不足で2度も挫折しました。大学院も不合格でなんと3度目でした。静岡大学から法政大学に学士入学して、経済学を学びましたが、大学院に入れてくれませんでしたので他大学の大学院に進みました。

菅前首相は、本来なら、「秋田が生んだおらが総理」と祝福したかったのですが、就任早々、国家の根幹を揺るがす決定を下しました。なんと、日本学術会議の新会員候補6名の任命を拒否する暴挙に出たのです。「安保法制」や「共謀罪法」などに反対したからとの理由で。

日本学術会議は、学者・研究者が日本の侵略戦争に加担した反省にもとづき、政府から独立して政府に提言などをおこなう機関であって、大学は、

146　第2部・補論　日本経済と大学の教育・研究

軍事目的の研究をしないという基本姿勢を堅持してきました。

学問の自由はなぜ必要か

戦前、ドイツの経済力は倍で、アメリカが半分と捏造して、日本は、アメリカと戦争しても勝てるとか、日本の経済力を改ざんして、経済的には、アメリカとは互角だとするデータを日本国民は鵜呑みにしました。かくして、国民は「鬼畜米英」で凝り固まり、アメリカとの開戦やむなしの圧倒的世論が形成されたのです。

正確なデータにもとづいて発言するのが学者・研究者ですが、正確なデータの公表も戦争批判も国家・軍部による弾圧で封殺されました。日本国民は、ウソで固めた大本営発表に歓喜しましたが、気がついたら空から大量の爆弾・焼夷弾が「降って」きました。その帰結は、300万人もの犠牲者と焦土と化した国土でした。アジア諸国には、筆舌に尽くしがたい惨禍をもたらしました。

学問の自由が保障され、学者・研究者が正確なデータと見解を提示して、戦争の無謀さを主張していたら、世論は、戦争回避のため「政治家よ、全力を投入せよ」となったはずです。アジア諸国への侵略もなかったかもしれません。日本外交の真価を発揮できたかもしれません。

そもそも、アメリカの国力を知り尽くした軍人をかかえる日本海軍が、なぜ開戦の火蓋を切ったのか、いささか疑問です。軍には、敗戦が必至の戦争は回避する義務があります。ところが、逆に軍部は、国民世論を戦争遂行に誘導するため、学問の自由を完全に剥奪し、言論を弾圧したのです。

学問の自由は、自由の範疇に入りますが、「日本国憲法」第23条の「学問の自由は、これを保障する。」と独立した条項が設定されたのは、日本を2度と侵略戦争に踏み込ませないよう、戦争責任をとるためだったはずです。そこに、土足で踏み込んだ人物こそ、菅前首相その人だったのです。

もちろん、一部の官僚と違って、真理を探究する学者・研究者が、黙ることも、政治家の意向を忖度することも、媚びへつらうことも、ありえません（ただし「御用学者」は除く！）。

第3節　大学の研究・教育と生成 AI

1) 大学学長アンケート

　2022年11月に公開された ChatGPT に代表される生成 AI は、質問に対する文章の生成や長文の要約、翻訳などを瞬時におこなってくれるので、大学でのしっかりとした対応が求められています。そこで、「中央公論」編集部は2023年2月号に続き、生成 AI 教育・研究における意義や課題をどう考えているか、全国45大学の学長アンケートを実施し、42大学から回答をえました[8]。

　「学生の ChatGPT の使用について、大学としての見解や方針を策定・公表していますか」という質問に「はい」と答えたのは、42大学のうち31大学であり、ほとんどの大学で見解や方針が策定され公表されています。

　「レポート提出などに際して、学生が ChatGPT を使っていないかどうかをチェックする仕組みはありますか」という質問に「はい」と答えたのは、42大学のうち9大学、「ChatGPT を利用した授業はありますか（把握している範囲で）」という質問に「はい」と答えたのは、42大学のうち9大学、「学生の ChatGPT の使用状況の調査を行っていますか」という質問に「はい」と答えたのは、42大学のうち8大学と少数派です。

　「研究者の ChatGPT の使用について、大学としての見解や方針を策定していますか」という質問に「はい」と答えたのは、42大学のうち19大学で、大学としては、学術論文の執筆などに際して、細心の注意を払わなければならないという意識があるようです。

　教育に際して、学生に対してどのような対応をとるかは、まだ十分ではないようです。この対応は、確固たる思考力・論理力・推理力・想像力などを身につけた学生を世に送り出すという、大学の使命を果たすために絶対不可欠なものなのです。

2) 大学の課題

　生成 AI 利用への肯定的意見が中心ですが、その利用への懸念を表明する学長も少なくありません。いくつか大学別にみてみることにしましょう。やはり、生成 AI に対して、慎重な意見も少なくないのです。

148　第2部・補論　日本経済と大学の教育・研究

千葉大学 - ChatGPT などの生成 AI は、過去の事象について正確な情報を提供できないなどまだ開発途上にあり、現時点で教育のあらゆる部面で無条件に利用できる状況にない。しかし、生成 AI の可能性を追求することは大学の役割として当然である。同時にその完成度が高くなった時に社会に与える影響などを、倫理的側面を含め様々な観点から考察する機会を提供し、人間と AI の関係について学生が考えるようにすることが重要である。

慶応義塾大学 - （OpenAI CEO を招聘し、学生と質疑応答をおこなったが、）AI では実現できない、人間同士の直接対話だからこそのエネルギーがそこには存在した。私たちは、ChatGPT などの技術を使いながらも人間がその上を行き、技術の発展による貧富等の分断を抑制する方策を実行していくことが大切だと思う。

東京工業大学 - 新しい技術を批判的に摂取する態度を学生自身が身につけられるよう指導することが肝要であると考える。（中略）生成 AI に従属せずむしろ使いこなして、理工系の学生、人間としての矜持を抱き、これからの社会を切り拓いていってもらいたい。

明治大学 - AI を扱う私たちには、"問いの想像力" が試されており、あわせて AI の生成物から価値を見出し新たなアイデアを生み出す能力も必須になる。この力を育むのは AI ではない。今もこれからも教育であると確信しており、本学もこうした社会で活躍できる人材の育成に一段と力を入れていく。

新潟大学 - 学生教育においては思考力や創造性が阻害されないように、また研究分野においては倫理的な側面にも留意して利用ができるように、ガイドライン等の作成等の対策が必要である。

鹿児島大学 - （生成 AI は、）剽窃のリスクと隣り合わせである等、多くの問題も抱えている。「真実のような嘘」があることを自覚し、批判的思考を大切にしてほしい。

デジタル社会においては、生成 AI の「出力結果を妄信することなく、それを評価、判断する能力が必要であ」（山口大学）り、そのためには、「大学での学びは自らで課題を発見し、解決策を考え、そして行動することが

基本である」（広島大学）との指摘は極めて重要です。デジタル社会において、大学は、このような教育理念をしっかりと堅持しなければならないのです。

注

(1) 石原俊『大学ファンドと国際卓越研究大学がもたらすもの』「中央公論」2023年2月号

(2) 同上

(3) 同上

(4) 竹中亭『ドイツの大学改革に学ぶもの』「中央公論」2023年2月号

(5)「中央公論」2023年2月号

(6) 有賀哲也『大学における基礎科学研究とこれから』「表面と真空」Vol 61, No.1、（公財）日本表面真空学会（2018）

(7) 同上

(8)「中央公論」2024年3月号

第3章

経済学大学院DC修了生の体験談

第1節　経済学大学院での研究指導

　筆者は、埼玉大学大学院経済科学研究科・埼玉学園大学大学院経営学研究科で、社会人大学院博士後期課程（DC）の指導教授として、後進の養成にたずさわりました。

　埼玉大学社会人大学院は、ステーションカレッジという名称で、JR東日本東京駅の建物内に設置した夜間・土曜開講の大学院でした。なぜ、埼玉大学なのに東京駅かとの戸惑いもありましたが、開設すると地理的に近いということで、官庁、都・県庁、企業、金融機関などから多くの社会人が集まりました。授与した学位は修士（経済学）、博士（経済学）です。

　金融論を担当しましたが、入学者の多くは高学歴の社会人で、教員よりも金融・銀行業務に精通していました。あるDC院生は、講義のときに居眠りしてばかりいましたが、1992年のEMS（欧州通貨制度）危機の話をしたら、突然目を覚まし、そのときには、ロンドンで為替ディーラーをしていましたと言う。そんなに金融に詳しいのに、なぜ、社会人DCに入学したのかを尋ねたことがありますが、テーマに関する考え方を学びにきたといっていました。

　研究指導は、基本的な先行研究をしっかりと勉強し、あきらかにしたいことを1つ（多くて2つ）をテーマとして選び、そのテーマを分析する手法、論理的思考などを指導しました。筆者が、当初の研究指導で重視したのは、博士論文のテーマ（論題）を決めてもらうことです、これが大変な

ことでした。

　修士論文のテーマ選定ほどではありませんが、たいていは、壮大なテーマを選びます。博士後期課程在籍3年間で、選択したテーマに関して学会水準に到達するという指導方針でしたので、「そのテーマだと、3〜5本の博士論文になるよ」と説得し、先行研究がある程度そろっている比較的小さなテーマを設定してもらいました。

　逆に、先行研究がない分野や極めて小さなテーマだと、博士論文を完成させることがかなり難しいので、やめるよう説得しました。先行研究のないテーマだと、独断的な論文になってしまいますので、これもやめてもらいました。

　極めて専門的なテーマであって、大学院に担当する指導教授がいないと、論文指導ができませんので、不合格にすることも少なくありませんでした。ただし、受け入れる価値があると判断した場合には、当該学会の専門家を副指導教授として招聘したこともありました。

　博士後期課程の院生には、関係学会への入会を義務づけました。博士論文は、学会レベルに到達していることが最低限の条件ですので、1年目と3年目に学会発表をしてもらいました。学会レベルを超える論文を要求する指導教授もいましたが、研究者でも難しいことですので、それはしませんでした。主要な先行研究をしっかりと勉強し、あきらかにしたいことが独創的であることを求めました。

　修士・博士社会人大学院には、さまざまな職種の院生が集まりました。ステーションカレッジは、夜間講義で終了は21時40分ですが、毎回終了後に有志が近場で飲み会を開きました。さまざまな社会人と侃々諤々の議論ができますので、みんな仲良くなり、今でも交流が続いています。

　埼玉学園大学の社会人大学院経営学研究科博士後期課程も、夜間・土曜開講です。多くの社会人が入学し、博士（経営学）号を取得しています。

　指導した経済学・経営学研究科 DC の何人かの社会人元院生に、体験談を語ってもらいました。

第2節　DC修了生の体験談

---

1) 埼玉大学大学院 DC での研究について
A　金融関係勤務・博士（経済学）

かつて私は、社会人学生として埼玉大学大学院経済科学研究科に所属しました。以降では、埼玉大学大学院博士後期課程における経験とそれらから得られる気づきについて整理しました。本稿が、今後の大学院教育に関する何かの参考となれば幸いです。

大学院受験の動機

長い間職業人として仕事をしていると、解決したい、あるいは、解決すべき問題が山積するものです。私の場合は、大学院での研究活動と関連する学問の修得により、抱えている問題に対する普遍的な解法、および解の発見を求めました。

修士課程（他大学ではあるが）においては、当時従事していた仕事上のテーマについて、数理的アプローチから解決に当たりました。博士課程への進学については、機会があれば、挑戦しようという程度の気持ちで構えていました。

その後、長い時間を経て、博士課程への進学を決意するに至りました。ただし、当時、解決すべき問題を整理し博士論文としてまとめるうえでは、経済学の視点を取り入れることが不可避でした。くわえて、別の現実的な観点として、当時の私は、ある企業の組織の長として多忙を極め、同時に、子育て中の身でもありました。

多くの社会人院生がそうであるように、私もまた、学位取得に至る多額の金銭的負担、あるいは多くの時間的負担を自らに振り向ける余裕はありませんでした。こうしたすべての制約条件の下で得た最適解が、博士課程については、埼玉大学大学院の門を叩くことでした。

大学院での研究指導、および研究活動について

在学当時、博士課程の講義は、東京駅前のビルで平日の夜間、および土曜日に開講されていました。私にとっては、極めて通学に至便な場所と機

会をご提供いただきました。この点、まずもって埼玉大学に感謝申し上げる次第です。

博士論文の作成にあたっては、主として副指導をご担当いただいたM先生が個別に、しかも、私の都合に合わせた形でご指導をいただきました。論文の構成、および内容から始まり、数式の展開や記述、文書処理システムの記法、あるいは参考文献の記述様式など、かなり細部に至るまでのご指導は心に沁みました。

ところで、多くの社会人博士課程の院生は、精神的に孤独であることが多い（と思います）。業務と院生という二足の草鞋に対する仕事場からの理解は得られましょう。しかし、研究の方向性、あるいは論文の内容面について同僚からのアドバイスが得られることはあまり期待できません。したがって、学位取得にあたっては、信じられる師との良好な人間関係の構築が不可欠です。

以下では、私が尊敬して止まない2人の師とのエピソードにより、師との出会いと適時適切なご指導をいただくことの重要性の一端を紹介しましょう。

まず、上述の通り、学位論文執筆中は、多くの院生が「これで良いのか」と自問自答する日々が続きます。時には、長いスランプに陥ることもありましょう。私も例外ではなく、スランプに陥っていたあるとき、先のM先生から次のようなメールをいただきました。すなわち、「私はこれまで数多くの博士論文を読んできているが、（私の名前）の論文の質は、平均以上のものであると自信を持って言える」。M先生から絶妙のタイミングで頂戴したメッセージは、孤独の中での論文執筆を支えました。

次に、主指導のA先生からは、勢い込んで論文を執筆し始めた初期段階で、次のような主旨の強力な苦言をいただきました。すなわち、「会社のレポートではないのだから、理論面に関する先行研究について補強すべし」とのことでした。社会人学生は、自分の扱うテーマについては精通しています。ところが、博士論文では、業務上の「ファクト」のみならず、理論的な側面を整理する必要があります。出鼻をくじくキツイ一撃でしたが、初期段階におけるひとりよがりを軌道修正できた意義は大きいものでした。

具体的なエピソードは、残念ながら紹介し尽くせませんが、主指導、副指導の先生方との出会いと硬軟合わせた熱いご指導により、私は、比較的順調に学位を取得することができました。

博士号取得、その後

　誰が言い出したか不明ですが、博士号を取得することについて「博士号は足の裏の米粒だ」といわれているそうです。その心は、「取らないと気持ち悪い、取っても食べられない」というものだそうです。言い得て妙である。

　私がかつて勤務していた会社でも、博士号を取得したことが昇給、昇格の理由にはなりませんでした。当時は、博士号取得者を評価する人事システムが存在しなかったからです。博士号を取得し終えた私の知り合いの企業人の多くは、「食える米」を探し大学に職を得ました。その後の私はというと、当時所属していた会社を離れ、会社経営、コンサルタント、大学の非常勤講師などを兼職しつつ、汗水たらして「食える米」を自ら作る日々です。

　日本には、特定の業種や研究機関を除き、（とくに日本で「文系」に属する）博士号取得者を評価する体系を有する一般企業は、どのくらい存在するでしょうか。逆に、一般企業にいる博士号取得者の中で、自らが属する企業の収益に大きく貢献できているといえる人はどのくらい存在するでしょうか。企業の至上命題は、収益を上げることなのです。

　以上のまとめとして、博士号が「取ったら食える米粒」となるために私が思う次の2点について主張し、本稿を締めくくることとしましょう。

　まず、文系、理系を問わず、博士号取得者、および当人（たち）が所属する組織、団体は、双方にとって必要とされ役に立つものであるべきです。次に、とりわけ社会人院生にとっては、博士号を取得することが、単に大学教員へのキャリアパスであってはなりません。

2)「クリティカル・シンキング」を養えた社会人大学院
B　金融機関勤務・博士（経済学）

大学院受験の動機

　私が社会人大学院に進もうと考えた動機としては、大きく2つありました。

　まず、実利的な理由として、その後の転職や仕事上のステップアップを図るうえで少なくとも修士号を取得したいと考えたこと。そのためには、社会人が就業したまま通うことが一般的なビジネススクールで、MBAを取得することも真剣に考えました。

　一方で、もう1つの動機として、1990年代後半から2000年代初頭における日本の厳しい経済状況や金融情勢を目の当たりにし、一個人として学術的かつ理論的な研究をし、日本の金融セクターにおける数々の問題の背景を整理したいと考えたことでした。

　1990年代後半に、私は急速に深刻な状況に陥った日本の金融機関と金融市場を分析する立場にいました。バブル経済崩壊後の経済低迷で多額の不良債権を抱え、その処理のために国民には想像もつかないような額の損失を計上する大手行、そのような多額の損失処理や金融市場の混乱を背景に、次々と破たんする商業銀行や証券会社・生損保会社、経営危機を乗り越えるために、これもまた巨額の増資や公的資金の受け入れを決定するメガバンク各社……。

　このような深刻な問題はどのようにして生じたのか、なぜ、日本の金融危機は何年にもわたって続くのか、どうすれば危機は終息に向かうのかなど考えるうえで、現場の感覚から少し離れ、アカデミックな研究としてこれらの問題を考えてみたいと思ったのです。

大学院での研究指導について

　私がその後、博士後期課程修了まで5年間通うことになる社会人大学院における研究指導は、自身が漠然と想像していたものとはまったく違っていました。いわゆるケーススタディなどを基に実践的な能力を養うビジネススクールとは違い、学術的な研究にかなりの重きを置く大学院で、理論研究と学術的論文をまとめることを主眼としていました。

とくに修士課程と博士後期課程の1年目は、多くの講義に出席すること
が求められ、また、単位取得のために予習・復習にペーパーの提出などに
多くの時間を割くことが必要で、就業時間を終え夜間ないしは週末の講義
に参加する会社員にとっては、かなりの負担と感じることもありました。

　しかし、所属先から派遣されているわけでもなく、自らの意思で社会人
大学院に通うことを決めた同級生たちの意識は非常に高く、自身にとって
も大きなモチベーションとなりました。また、金融機関や事業会社、医療
法人など、さまざまなバックグラウンドをもつ「社会人」に加え留学生も
所属し集う場所なので、新しい考えに触れる機会も多く、修士課程1年目
は、とくに自身の視野が大きく広がったと感じました。

　教授陣による講義と研究指導は、日々の業務に追われ、どうしても近視
眼的になりがちな社会人大学院生よりもはるかに大局的かつ理論的でした。
また、学術的研究の基礎といってもよい客観的かつ批判的な考察を養うう
えで、日々の講義と論文指導は非常に有益でした。いわゆる「現場」にい
る会社員と、それまで研究一筋の大学教授たちとの間にはある種のギャッ
プもあり、その違いから生じる議論も、講義後の食事や飲みの場での対話
も、振り返ってみて非常に楽しい思い出です。

　当初は、修士課程を修了すればよいと考えて入学した社会人大学院でし
たが、博士後期課程まで在籍しました。博士後期課程においては、学会や
外部の研究会での論文発表などを通じて、他大学の諸先生からも建設的な
批判をいただき、最終的に博士論文という1つの成果物を出すことができ
たときはまさに感無量でした。

博士号取得後の業務へのインパクト

　博士号を取得して日々の業務にどのようなインパクトがあったか、明確
に答えることはできません。「博士」という肩書を得て、なにか大きく業
務が変わったとか、政策立案をするようになったとか、給料が増えたとい
うわけでもなく、また、学者としてアカデミックな世界に従事するように
なったわけでもありません。

　しかし、日々忙しく業務をこなしているなかでも、より大局的かつ客観
的に物事をとらえられるようになったのは確かだと感じます。前述のよう

に、それまでは、どうしても近視眼的に考え、その日、その時に直面している問題や課題をこなすことに集中していた自分と比べると、年齢を重ねたこともあるのでしょうが、大きく変わったところだと思います。

アカデミックな世界に5年間在籍させていただいたことで養った「クリティカル・シンキング（物事を無批判に受け入れるのではなく、論理的かつ客観的に考えること）」は、会社における業務だけでなく日々の生活においても、重要なバックボーンになったと考えています。

現代の風潮として、自然科学における研究がより重要視され、社会科学や人文科学における修士（博士前期課程）・博士後期課程は、それほど評価されていないようにも感じます。しかし、いわゆる「文系」分野においても、新しいことを学びたいという人の欲求に応えてくれるのが、社会人大学院という場所なのではないかと思います。

3) 大学院DCでの学びについて
C　金融機関勤務・博士（経営学）

大学院受験の動機

私は、金融機関で金融インフラに関わる仕事に長く携わってきました。インフラビジネスは、日本の金融市場の下支えが最大の責務であるため、堅実かつ堅牢な制度設計のもと、時代が変化しても大きく変わることなく安定運用し続けることが主目的です。このため、前例がない個別具体的な対応が早期に求められる場合であっても、どうしても従来の法制度に基づいた議論が多くなるため、総じてあまり建設的ではなく、不毛な議論に陥りやすいことが問題であると考えていました。

この問題に対する1つの解決策として、改めて制度設計の根幹部分を歴史的な見地から見直すことで、新たな課題にも柔軟に対応できるのではないかと考えたことが、大学院での論文作成を志した端緒でした。とりわけ金融市場実務はプロの世界であり、学術研究者や記者等を含めた一般の方々には馴染みが薄く、金融市場実務を理解するハードルは高いと思われます。

このため金融市場参加者、学術研究者、一般の方々の三者の橋渡しとなるような論文を執筆したいと思ったことも契機の1つでした。

大学院の候補として、学術的な研究能力育成と新たな知見を見出すための知識や能力の習得を目指す「大学院」に対し、専門的職業人として必要な最新知識、理論およびそれらの活用法の習得を目指す「専門職大学院（MBA型）」の両者には、大きな違いがあります。

私の場合、大学院に入学した目的が、学位取得や最新知識取得ではなく、各国比較や歴史背景等を丹念に紐解く伝統的な研究論文の作成プロセスを堪能することで、自らの専門性向上、第三者への知見連携につながると感じたことが「大学院」を選んだ最大の理由でした。

大学院での研究指導について

大学院生、とくに社会人は、基本的に業務後に指導教官から指導を受けることになるため、あらゆる面で指導が限定的となります。これを埋めるためには、指導教官とのコミュニケーションが最重要であると考えます。とくに博士課程は、博士論文執筆がほぼ全ての活動といえます。指導教官の力を最大限に借り、ある意味一体となり、課題を選び、先行研究を学び、分析を掘り下げ、アウトプットの方法を考えます。これはすなわち、研究者としての取り組み方を体で身につけるということだと思います。

さまざまに試行錯誤するなかで指導教官と議論をおこない、多くの示唆をいただくことで、事例研究や実証研究の方向性を導き出しつつ研究方針を明確にしていく過程で、ゼミや研究会での議論や各種講義を踏まえ、報告会や学会での報告は、数少ない極めて貴重な実践の場で何より重要だと考えます。この際に諸教官方や査読者、先輩等から頂戴した多くの有益かつ厳しいコメントを踏まえ、加筆修正を重ねることで論理展開が明確な論文に仕上がるからです。

社会人院生の研究テーマは、一般的に自身の業務経験に基づくものが散見されますが、大学院での学問的な論文は、会社での書きモノとはまったく異質なものであり、1人で学ぶことはできません。結論から逆算した先行研究の選択や実証分析などは、研究指導の賜物であります。

タイトなスケジュール管理のもと、研究内容への注の付け方、引用の仕方、参考文献、目次などの形式を整えることが不可欠です。じつはこれにより、知見の有機的な繋がりや構造、学問的貢献が発見できるということ

があります。これら過去の知との折り合いの付け方である厳密な形式と、「未知のものを知りたい」という欲求とがリンクすることによって、一歩進んだ次元に歩むことができるのだと思います。

博士号取得後の業務へのインパクト

私が知る限り、修士・博士の学位を取得したからといって、職場での昇進、昇格、希望部署等への異動等があったという話は、あまり聞きません（大学教員への転身等は除く）。わが国は、学歴重視社会というより大学名重視社会といえるので、とくに文系では、修士号以上の学位は「アカデミックな世界」を除いては、評価の対象とはならないのが実態かと思います。

一方で大学院での研究を通じ、日々の業務と業界の全体像の把握に大いに役立つとともに、これまで仕事で得られていた業務の経験を学術的裏付けと結びつけることができたことは、大きな成果であると考えます。また、実務経験を通じて、自ら有していた問題意識に基づく仮説を導出し、その仮説を学術的に実証できたことで、高い充実感が得られると思います。

さらに、仕事を通じて得た思考回路、行動様式、人脈とは、まったく異なるアカデミックな思考回路、行動様式、人脈が形成されたことは、このうえない収穫です。この2つの世界は交わらないものではないとは思いますが、自身の中にそれぞれ独立して形作られていることに意味があるのではないでしょうか。

仕事上でもアカデミックな研究上でも、それぞれ異なる世界を持てる、持ち得るということは、大学院教育で得た最大の収穫だと考えています。

今後に向けては、自身がこれまで培ってきた実務的な見方や対処に加えて、物事を学術的・理論的に捉え、新たな視点を持ってアプローチする広がりを持たせてくれると期待しており、それを自らの手で体現していきたいと思っています。さらにこれが人格として蓄積され、将来、何らかの形で他への影響におよぶ行動として現れるのではないでしょうか。

そして、最後に余談ですが、とりわけ海外でのビジネスにおいて博士号取得者に対する社会的な評価は相対的に高く、名刺の氏名前の Dr. 記載とネームプレートの氏名欄では Mr, Mrs, の前に Dr. 欄があることは紛れもない事実であり、会話の中でも何を専攻したかということを嫌というほど

聞かれ、博士号を取得したのだと改めて実感したという記憶があります。

4）大学院時代の研究生活について

D　大学教員・博士（経営学）

大学院（修士課程）受験の動機

私は大学を卒業後、銀行系ノンバンクのサラリーマンとして勤務し、主として営業部門に在籍し、本店の営業推進部の次長として他社との業務提携や金融新商品の企画の仕事に取り組みました。

1980年代後半当時、欧米の投資銀行等で急拡大していた資産流動化や証券化の新しい金融技術の取り組みが日本でも導入され始めた時期でしたが、社内には証券化取引の経験もノウハウも無かったため、大学院で新しい金融の専門知識やスキルを学び直し、ビジネスマンとしてのキャリアアップを目指そうと考えました。

1996年4月に職場の上司の了解を得て、勤務先の市ヶ谷で社会人向け大学院を開講していた法政大学大学院の金融市場プログラムコースの修士課程に入学しました。

法政大学大学院修士課程の2年間は、仕事との両立は大変でしたが、当時手がけていたリース資産の流動化をテーマにした研究を行い、また学ぶ目的が明確で、企業人としての責任もあったので学部生時代とは比較にならないほど、研究に打ち込みました。

しかし、入学後2年目に勤務先が不動産融資における大量の不良債権により突然経営破綻しました。倒産後、取引先の方々からも何社か転職先の紹介をいただきましたが、教授や他の企業や金融機関に在籍中の院生や現役の若い院生たちと一緒に、学問を勉強し理論や問題を研究する生活が非常に楽しくなっており、勤務先の倒産という人生のピンチに直面して、先の見えない不安な面もありましたが、転職を考える際に、これまでのビジネスの世界よりも、できれば教育や研究職の仕事に転職することを考え始めていました。

幸いなことに修了と同時に地方の私立短大の講師に採用されることとなり、本格的に教育研究の世界に転じることとなりました。

第3章　経済学大学院DC修了生の体験談　161

博士課程への進学と挫折

地方の短大教員としての生活が始まり、毎日授業や校務に忙しく追われて10年が過ぎたときに、法政大学院時代の恩師から埼玉大学大学院の博士課程への進学を勧められました。

埼玉大学の社会人向け大学院は通信制ではありませんが、サテライトキャンパスが東京駅という交通至便な場所にありましたので、博士号取得を目標に入学を決意しました。

この当時、短大でも教授に昇進していた私は大学での校務や授業、行事等で忙しくなり、新幹線での地方から東京への通学も実際には時間調整が取れずに大変苦労しました。

埼玉大学側では週末の授業を中心に履修できるように配慮してもらい、集中講義等の便宜も図っていただきましたが、私自身が同大学博士課程に在学中に4年制大学へ勤務先が異動したことで、授業や学内外の校務がそれまで以上に増加して、博士論文作成の為の研究との両立に苦しみ、結局は埼玉大学の大学院を退学することになりました。

しかし、埼玉大学在籍当時に恩師から研究論文の提出を指示されて、苦労しながら提出した国内不動産投資法人の海外での不動産証券化の評価に関する論文が、数年後に海外の論文や国内の論文等でも引用される評価を得たことが、後に博士論文へと繋がることになりました。

論文博士への再挑戦

埼玉大学大学院退学後は地方私大で学部長等の学内の校務を務めながらも、年に1～2回程度は学会での発表や論文執筆を続けてきましたが、恩師から埼玉学園大学大学院の博士課程で論文博士にチャレンジしないかとの声がけをしていただき、再び博士号取得への挑戦をする決意をいたしました。

埼玉学園大学も通信制ではありませんが、大学側の配慮と指導教官の手厚い指導によって、前述の海外で引用された論文や過去20年近く続けてきた関連研究の成果をまとめる形で博士論文を完成させて、2020年によ うやく博士号を取得することができました。

博士号取得後の業務へのインパクト

　勤務先ではもともと採用時に大学院卒でも博士と修士では待遇に差をつけていたため、博士号取得を大学にも報告しましたが、財政面で勤務先の経営が悪化している地方私立大であるためか、既に教授で職位が高く、採用後の在職中の学位取得は関係ないという意味不明な理由で、残念ながら、私自身の給与待遇は全く変化がありませんでした。

　しかし、博士号の取得はこれまでの自分の研究に対する評価として自信となりましたし、博士号取得に至る過程での恩師からの手厚い指導や助言と励ましは、何度も挫折しかけた私にとっては非常にありがたいものでした。

　また大学院に在籍中の学内の勉強会や研究学会等で出会ったさまざまな研究者との人的交流は、私自身の研究者としての見識や研究を深める刺激となりましたし、このような研究者のネットワークに参加できたことは、地方の私大勤務で、周囲に同じ分野の研究者がおらず、研究面では孤立しがちな私にとっては研究上の大きな財産となりました。

おわりに

　相沢の静岡大学柔道部の2年先輩である鈴木壮兵衛さんは、静岡大学工学部で、相沢は、静岡大学農学部で学びました。1970年当時、工学部と農学部の教養課程は静岡にありましたが、相沢が大学に入学したときには、鈴木さんは、工学部のある浜松で学んでおられました。静大工学部は、国産テレビ第1号を開発した栄えある学部です。

　相沢が入学した頃、鈴木さんは浜松で勉学に励んでおられましたので、一緒に柔道の稽古をすることはできませんでした。春と夏におこなわれる合宿稽古でお互い汗を流しました。相沢は、柔道はあまり強くはありませんでした。一方、鈴木さんは、体格の大きい方ではありませんが、体が柔らかくて強く、東海大会などでも個人戦で上位入賞する猛者でした。

　春夏の合宿稽古というのは厳しいもので、稽古の行き来にみなレモンを丸かじりしながら歩いていました。すると、どういうわけか元気が出たのです。稽古の合間に休憩時間がありましたが、みな合宿所の自分の布団に潜り込んで爆睡していました。ところが、鈴木さんだけは、布団の中で難しそうな専門書を真剣に読んで勉強されていました。不思議な光景でしたのでキャプテンに聞いたら、鈴木さんは、東北大学大学院で西澤潤一先生のご指導を受けたいからだとのことでした。

　鈴木さんは、東北大学大学院に進んで西澤潤一先生のご指導を受け、優秀な半導体研究者となられました。

　一方で相沢は、勉強もろくにしない落ちこぼれ学生でしたので、大学時代の思い出は、柔道部での稽古と部員との交流が中心です。ただ、学生運動の真似事もしました。当時は、『資本論』を持ち歩くのが流行していましたので、難しくて読みもしない『資本論』を持って歩いたことを覚えています。

　あるとき、自治会が学費値上げ反対の垂れ幕を大学の五階あたりから下に垂らしたら、学部長が外すように言ってきましたが、もちろん拒否しました。自治活動の侵害だと。ところが、事務の学生係長が「外してよ」というのですぐに外しました。卒業してだいぶたってから、元係長とお会いする機会がありました。すると、思い出話に、当時の農林省からの天下り

農学部長に「君たちは、学生に信頼されているんだね」といわれたそうです。事務方の元係長は、本当にうれしかったようです。

春夏の合宿稽古最終日の夜は、打ち上げコンパ（飲み会）で、氷入りのバケツに入れた日本酒を柄杓でコップについで飲み大暴れしました。当時の柔道部部長・監督の田中秀幸先生には、こんな柔道部員を温かく見守っていただきました。鈴木さんは、なんと２升酒を飲んでも平気でおられました。すごい人もいるものだと、度肝を抜かれたものです。

相沢は、その後、「改心」して法政大学経済学部に学士入学し、大学院を受験したら不合格になりましたので、慶応義塾大学大学院に進みました。法政の指導教授から、大学教員になるんなら、大学の事務の方を大事にするように言われました。事務の方のおかげでわれわれの仕事ができるのだからと。大学教員になって、その教えを守ったつもりです。

大学院博士後期課程を修了しても就職先がなく、日本証券経済研究所の研究員になった頃には、昭和も終わっていました。その後、大学の教員に採用されました。鈴木さんには、埼玉大学の自然科学系センターの客員教授に就任していただきました。鈴木さんが西澤先生のお弟子さんだといったら、大学は、すぐに採用してくれました。ただ、専門の違う経済学部の教授が、なぜ、鈴木さんを知っているのかと、けげんな顔をしていました。

鈴木さんとは2023年６月、静大柔道部部長・監督をされていた田中秀幸先生を交えた東京でのOB会で久しぶりにお会いしました。同会は、先輩の斎藤衛さんのお声がけによるものです。

相沢は、日の丸半導体の凋落がなぜという疑問を持っていましたので、鈴木さんにその疑問をぶつけてみました。鈴木さんからは、アメリカによって日の丸半導体が潰された、その再興には、経済学からのアプローチ、および大学での基礎研究の徹底的重視などが必要不可欠だと教えていただきました。そこで、本書を執筆しようということになったのです。

出版事情の厳しいなか、本書の出版にあたり水曜社の仙道弘生社長には、企画、編集の面で大変お世話になりました。記して感謝の意を表する次第です。

相沢 記

おわりに　165

著者略歴

鈴木 壮兵衛（すずき・そうべえ）　はじめに・第1部執筆
静岡県生まれ。東北大学大学院工学研究科博士課程修了（西澤研究室）、工学博士・弁理士。「そうべえ国際特許事務所」所長、米国電子電気学会（IEEE）Life Member。1978〜93年、（財）半導体研究振興会半導体研究所主任研究員、81〜86年、JST（文部科学省）創造科学推進事業（ERATO）西澤完全結晶プロジェクトグループリーダー。主な著書に『反骨の風土が独創の力となったのか』『歴史と経済に学ぶ経営のための知的財産権』『西澤潤一の絵と魂』など。

相沢 幸悦（あいざわ・こうえつ）　はじめに・第2部・おわりに執筆
1950年秋田県生まれ。静岡大学農学部・法政大学経済学部卒業、慶応義塾大学大学院経済学研究科博士後期課程修了、経済学博士。（公財）日本証券経済研究所客員研究員、埼玉大学名誉教授。（財）日本証券経済研究所主任研究員、長崎大学・埼玉大学経済学部教授、埼玉学園大学経済経営学部教授、川口短期大学客員教授を経て、現職。主な著書に『ユニバーサル・バンクと金融持株会社』『よみがえる日本 帝国化するドイツ』『定常型社会の経済学』など。

西澤潤一・人間道場
―― 研究を経営するとは、どういうことか

発行日　2024年9月18日
著　者　鈴木 壮兵衛・相沢 幸悦
発行者　仙道 弘生
発行所　株式会社 水曜社
　　　　〒160-0022　東京都新宿区新宿1-31-7
　　　　TEL 03-3351-8768　FAX 03-5362-7279
　　　　https://suiyosha.hondana.jp

装幀・組版　キヅキブックス
印　　刷　株式会社丸井工文社

本書の無断複製（コピー）は著作権法上の例外を除き、著作権侵害となります。
定価はカバーに表示してあります。乱丁・落丁本はお取り替えいたします。
©SUZUKI Sobee, AIZAWA Koetsu 2024, Printed in Japan
ISBN978-4-88065-570-3　C0050

この人たちの生き方

森林太郎から文豪・鷗外へ
幕末、医家に生まれた林太郎少年はどのようにして文豪となったのか。軍医のかたわら、尽きることない文筆活動の欲求の源とは。文豪誕生までの成長物語。　石井郁男 著　四六判並製 1,320円

消された名参謀 田村将軍の真実
その名は、なぜ伝わらなかったのか？ 誰が消したのか？ 森鷗外とともに日清・日露戦争を勝利に導いた一軍人の生涯と、死のあとに残された闇とは？　石井郁男 著　四六判並製 1,980円

カントの生涯 哲学の巨大な貯水池
驚くべき知恵の輝き、スケールの大きさ、時に悩み、悲しみ、笑う、等身大の大哲学者の実像……。「カント哲学」が物語で理解できる画期的伝記の誕生。　石井郁男 著　四六判並製 1,650円

野口英世とメリー・ダージス 明治・大正 偉人たちの国際結婚
百年以上前、黎明期の日本を背負った男たちと異国の妻たち。野口英世、高峰譲吉、松平忠厚、長井長義、鈴木大拙とその妻らの出会いと別れまで。　飯沼信子 著　四六判上製 1,980円

メレル・ヴォーリズと一柳満喜子 愛が架ける橋
日本の華族令嬢は、のちに山の上ホテルなどを設計するカンザス生まれの貧しい青年と出逢う。逆境を乗り越え、世界をつなぐ「愛の架け橋」になろうとする。　平松隆円 監訳　A5判上製 2,970円

楷書の絶唱 柳兼子伝
「民芸運動」柳宗悦の妻であり、工業デザイナー柳宗理の母。自らの力で活躍の場を切り開き、92歳で亡くなる日まで声楽家でありつづけた女性の生涯。　松橋桂子 著　A5判上製 3,850円

武智鉄二という藝術 あまりにコンテンポラリーな
「武智歌舞伎」で時代を湧かせ「愛染恭子」のホンバンを監督した男。「伝統」を守った男はなぜ「ポルノ」映画監督になったのか。時代を体現した芸術家の物語。　森彰英 著　A5判上製 3,080円

全国の書店でお買い求めください。価格はすべて税込（10%）